ISW 41

Berichte aus dem Institut für Steuerungstechnik der Werkzeugmaschinen und Fertigungseinrichtungen der Universität Stuttgart

A. SCHIMMELE

Rechnerunterstützter Entwurf von Funktionssteuerungen für Fertigungseinrichtungen

Springer-Verlag
Berlin Heidelberg GmbH 1982

D 93

Mit 39 Abbildungen

ISBN 978-3-540-11413-0   ISBN 978-3-662-09703-8 (eBook)
DOI 10.1007/978-3-662-09703-8

Geleitwort des Herausgebers

Das Institut für Steuerungstechnik der Werkzeugmaschinen und Fertigungseinrichtungen der Universität Stuttgart befaßt sich mit den neuen Entwicklungen der Werkzeugmaschinen und anderen Fertigungseinrichtungen, die insbesondere durch den erhöhten Anteil der Steuerungstechnik an den Gesamtanlagen gekennzeichnet sind. Dabei stehen die numerisch gesteuerten Werkzeugmaschinen in Programmierung, Steuerung, Konstruktion und Arbeitseinsatz sowie die vermehrte Verwendung des Digitalrechners in Konstruktion und Fertigung im Vordergrund des Interesses.

Im Rahmen dieser Buchreihe sollen in zwangloser Folge drei bis fünf Berichte pro Jahr erscheinen, in welchen über einzelne Forschungsarbeiten berichtet wird. Vorzugsweise kommen hierbei Forschungsergebnisse, Dissertationen, Vorlesungsmanuskripte und Seminarausarbeitungen zur Veröffentlichung.

Diese Berichte sollen dem in der Praxis stehenden Ingenieur zur Weiterbildung dienen und helfen, Aufgaben auf diesem Gebiet der Steuerungstechnik zu lösen. Der Studierende kann mit diesen Berichten sein Wissen vertiefen.

Unter dem Gesichtspunkt einer schnellen und kostengünstigen Drucklegung wird auf besondere Ausstattung verzichtet und die Buchreihe im Fotodruck hergestellt.

Der Herausgeber dankt dem Springer-Verlag für Hinweise zur äußeren Gestaltung und Übernahme des Buchvertriebs.

Gottfried Stute

5

Inhaltsverzeichnis

Abkürzungen und Bezeichnungen

Abkürzungen

ADDIS	Automatisches Design Digitaler Strukturen
BMFT	Bundesministerium für Forschung und Technologie
CAD	computer aided design
FB	Funktionsbaustein
FE	Funktionseinheit
LOGOP	Programmsystem zur Synthese Boolescher Schaltwerke (Logikoptimierung)
MINBOS	Programmsystem zur Logiksynthese und Minimierung
NC	numerical control
RENEST	Rechnerunterstützter Entwurf elektrischer Steuerungen
RENDIS	Rechnergestützter Entwurf digitaler Steuerungen
SPS	speicherprogrammierte Steuerung
VRZ	Vorwärts-Rückwärts-Zähler
WZM	Werkzeugmaschine

Bezeichnungen und Symbole

B_i	Bewegungszustand (allgemein)
$B1, B2, B3, \ldots$	Bewegungszustände
$\underline{C}$	Codiermatrix
$\underline{C}^T$	transponierte Codiermatrix
c_{jh}	Element der Codiermatrix
$\underline{E}$	Erregungsmatrix
E	zweidimensionales Datenfeld
e_{ih}	Element der Erregungsmatrix
$e(i,h)$	Element des Datenfeldes E
E/A	Eingangs-/Ausgangs- ...
f	Übergangsfunktion
f_k	kombinatorische Schaltfunktion

$\underline{F}$	Übergangsmatrix
f_{ij}	Element der Übergangsmatrix
F0, F2	flüchtige Zustände
g	Ausgangsfunktion
G	Geber
I1, I2	isolierte Zustände
k	Anzahl der Zustände eines Schaltwerks
K_i	Übergangsbedingung (allgemein)
K1, ..., K6	Übergangsbedingungen
K(p)	Übergangsbedingung zum Übergang p
l	Anzahl der Zustandsvariablen eines Schaltwerks
L,0	Boolesche Konstanten
p	laufende Nummer der Übergangsbedingungen im codierten Zustandsgraphen
p_m	Anzahl der Übergangsbedingungen im codierten Zustandsgraphen
r_m	Anzahl der in e_{ih} disjunktiv verknüpften Übergangsbedingungen
R^l	l-dimensionaler Würfel
R_i	Ruhezustand (allgemein)
R0,R2,R4,...	Ruhezustände
$\underline{s}$	Zustandsvektor
$s_0,...,s_{k-1}$	Zustände des Schaltwerks
s_i	gegenwärtiger Zustand des Schaltwerks
s_j	Folgezustand des Schaltwerks
s_A	Anfangszustand für einen Übergang
s_E	Endzustand für einen Übergang
S_i	stationärer Zustand (allgemein)
S0,S2,S4,...	stationäre Zustände
t	Zeit
t_i,t_1,t_2	Terme einer Gleichung
T_i	temporärer Zustand (allgemein)
T1,T2,T3,...	temporäre Zustände
$\underline{U}, \underline{V}, \underline{W}$	Matrizen
u_{ij},v_{ij},w_{ij}	Matrixelemente

V_i	Verweilzustand (allgemein)
$V1, V2, V3, \ldots$	Verweilzustände
$\underline{x}$	Eingangsvektor
$x_0, \ldots, x_{n-1}$	Eingangsvariablen
$\underline{y}$	Ausgangsvektor
$y_0, \ldots, y_{m-1}$	Ausgangsvariablen
$\underline{z}$	Zustandsvariablenvektor
$z_0, \ldots, z_{l-1}$	Zustandsvariablen
$\wedge$	Konjunktion
$\vee$	Disjunktion
$\longleftrightarrow$	Äquivalenz
$\circ, \square$	Boolesche Operatoren
$\bar{a}$	Negation von a
Δ	Verzögerung durch Laufzeiten
$\in$	Element von
$\{\ldots\}$	Menge
$*$	nicht belegte Felder der Erregungsmatrix

Mehrfach verwendete Zählvariablen und Indizes

h, i, j, n, q, r, s, t, u, v, w

Symbole der Eingabesprache

$*$	Konjunktion
$+$	Disjunktion
$'$	Negation
$<$	Kommentar Anfang
$>$	Kommentar Ende
$:$	Abschluß des FE-Namens
$/$	Trennzeichen
$,$	Abschluß eines Listenelements
$;$	Abschluß einer Liste
$\$$	Abschluß einer FE

Bezeichnung der Graphentypen

G...	Graph
.T..	translatorisch
.R..	rotatorisch
.E..	energetisch
..L.	linienförmig
..Z.	mit Zwischenzuständen
..B.	mit Bereichen
..V.	mit Vorabschaltpunkten
...A	Ausschalten vereinfacht
...E	Einseitige Drehbewegung
...B	Beidseitige Drehbewegung
..../ [Zahl]	Einheitszellenzahl
..../ E	Elementarzellengraph

Verwendete Sprachworte

QGRAPH	beliebig strukturierter Zustandsgraph
QGTZ	Graphentyp GTZ
QLA	Liste der Ausgangsfunktionen
QLB	Liste der Funktionsbausteine
QLH	Liste der Hilfsfunktionen
QLK	Liste der Übergangsfunktionen
QNULL	Angabe zur Initialisierung
QZ..	Zustände von FE

Verwendete Steuerungsanweisungen

O	ODER-Verknüpfung	SP	Sprung absolut
U	UND-Verknüpfung	SPB	Sprung bedingt
N	Negation	ZV	Zählen, vorwärts
R	Rücksetzen	ZR	Zählen, rückwärts
S	Setzen	L	Laden
=	Zuweisung	( )	Klammer auf/zu

1 Einleitung

Die zunehmende Automatisierung in der Fertigungstechnik hat
in den letzten Jahren zu immer umfangreicheren Problemstel-
lungen für die Steuerungstechnik geführt. Die steigende Komplexität der Werkzeugmaschinen und Maschinenfunktionen, die
Verwirklichung automatischer Fertigungsabläufe und die Integration von Werkzeug- und Werkstückwechselsystemen in die
Fertigungsanlagen sind nur wenige Beispiele hierzu. Ein über-
wiegender Teil der Steuerungsaufgaben fällt dabei in den Bereich der Funktionssteuerung, wo zur Erzielung bestimmter
Maschinenfunktionen entsprechend den vom Bedienpult oder
einer übergeordneten Steuerung vorgegebenen Eingabesignalen
die Stellsignale für die Maschine gebildet werden.

Als maschinennahe Steuerung ist die Funktionssteuerung in al-
len Details auf die zu steuernde Fertigungsanlage abzustimmen
und somit stark anlagenspezifisch. Unterschiedliche Anlagen-
konfigurationen, die anwendungsspezifische Realisierung von
Maschinenfunktionen und nicht zuletzt besondere Anforderungen
und Wünsche des Kunden machen spezielle Problemlösungen erforderlich. Eine rationelle Projektierung und Ausführung von
Funktionssteuerungen wird dadurch erheblich erschwert.

Der verstärkte Einsatz speicherprogrammierter Steuerungen /1/
kommt solchen Rationalisierungsbestrebungen durch die Verwendung standardisierter Hardware, sowie durch die größere
Flexibilität und Änderbarkeit entgegen. Ein hoher und ständig
wachsender Anteil der personellen Kosten, der gleichzeitige
Mangel an qualifiziertem Personal und die Forderung nach kürzeren Entwicklungszeiten verlangen aber vor allem die Einführung neuer Problemlösungen im Entwurfs- und Projektierungs-
bereich. Als geeignetes Hilfsmittel bietet sich der Einsatz
der elektronischen Datenverarbeitung zum rechnerunterstützten Entwurf (CAD) an, der in den letzten Jahren für die
unterschiedlichsten Einsatzgebiete stark an Bedeutung ge-
wonnen hat /2/.

Ziel dieser Arbeit soll es sein, eine durchgängige, systematische Entwurfsmethode mit konsequent genutzter Rechnerunterstützung zu entwickeln, welche sowohl die wirtschaftlich notwendige Kostendämpfung als auch eine Erhöhung der Leistungs- und Wettbewerbsfähigkeit im Entwurfsbereich ermöglicht.

Dazu ist es notwendig, dem projektierenden Techniker oder Ingenieur bereits für die Erarbeitung der Aufgabenstellung eine systematische Beschreibungsmethode zur Verfügung zu stellen, die sowohl auf die besonderen Eigenschaften der Funktionssteuerung abgestimmt ist, als auch die Voraussetzungen für eine rechnerunterstützte Bearbeitung erfüllt. Die gegenwärtig in der Praxis noch größtenteils vorherrschende intuitive Vorgehensweise ist durch eine schematisierbare und damit algorithmierbare Entwurfsmethodik zu ersetzen.

Auf dieser Basis soll ein Programmsystem entwickelt werden, welches sämtliche algorithmierbaren und formalen Arbeiten des logischen Schaltwerksentwurfs, der Anpassung an die gewählte gerätemäßige Realisierung sowie der Erstellung von Dokumentations- und Fertigungsunterlagen übernimmt und so den Steuerungsentwerfer weitgehend von Routinearbeiten entlastet. Die Vielfalt der in der Praxis auftretenden baustein- oder gerätespezifischen Realisierungsmöglichkeiten von Funktionssteuerungen legt eine modulare Konzeption dieses Programmsystems nahe, die es gestattet, verschiedene Realisierungsarten durch Austausch einzelner Programmoduln zu berücksichtigen. Eine entsprechende Unterteilung des Entwurfs in Teilaufgaben und die zur Lösung derselben erarbeiteten Konzepte und Algorithmen sollen im Rahmen dieser Arbeit am Beispiel der Realisierung mit einer speicherprogrammierten Steuerung (SPS) aufgezeigt werden.

2 Die Funktionssteuerung

Wesentliche Voraussetzung für die Erarbeitung einer geeigneten Entwurfsmethode ist eine Untersuchung der Funktionssteuerung hinsichtlich Aufgaben, Eigenschaften und Realisierungsmöglichkeiten. Es ist Ziel dieses Abschnittes, die
wichtigsten Begriffe und Unterscheidungsmerkmale klarzu-
stellen sowie die Struktur der Funktionssteuerung zu analysieren, um hieraus erste Anforderungen an das Entwurfsverfahren ableiten zu können.

2.1 Einordnung und Aufgaben der Funktionssteuerung

Steuersysteme für Fertigungseinrichtungen können nach
unterschiedlichen Gesichtspunkten gegliedert werden.
Bild 2-1 stellt verschiedene Möglichkeiten gegenüber.

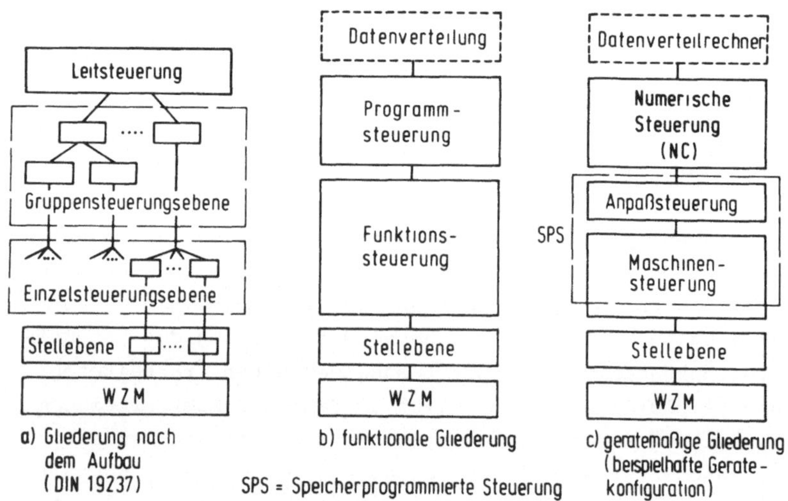

Bild 2-1: Gliederungsmöglichkeiten

für Werkzeugmaschinensteuerungen

Betrachtet man den Aufbau von Steuerungen im Hinblick auf
die Arbeitsweise und den Informationsfluß, so kommt hier-
archischen Strukturen die größte Bedeutung zu. Innerhalb
einer solchen Steuerungshierarchie können nach DIN 19237
/3/ mehrere Steuerungsebenen unterschieden werden, welche
die Leitsteuerung, die Gruppensteuerungen und in der unter-
sten Ebene die Einzel- oder Antriebssteuerungen umfassen
(Bild 2-1a).

Je nach Ausbaugrad des vorliegenden Steuersystems lassen
sich die Begriffe Leitsteuerung und Gruppensteuerungen
verschiedenen Steuerungsteilen zuordnen. Im Bereich der
Fertigungstechnik arbeitet man daher vorzugsweise mit
Bezeichnungen, die bestimmte Geräte angeben oder einer
aufgabenmäßigen Einteilung entspringen.

Der Begriff Funktionssteuerung entstammt einer funktionalen
Gliederung (Bild 2-1b). Auch hier sind mehrere einander
übergeordnete Ebenen erkennbar. In hierarchischer Folge
sind dies Datenverteilung, Programmsteuerung und Funktionssteuerung. Während es bei der Datenverteilung um die
Speicherung und Verwaltung der Arbeitsprogramme und um deren
Verteilung auf die untergeordneten Programmsteuerungen
geht, ist es Aufgabe der Programmsteuerung, die einzelnen
Programmschritte abzuarbeiten und aus der jeweils enthaltenen Information Funktionssignale zu generieren, die bestimmte Maschinenfunktionen bewirken sollen.
In der Ebene der Funktionssteuerung werden aus diesen Funk-
tionssignalen und aus Befehlen der Handeingabe unter Berücksichtigung von Geberrückmeldungen eindeutige Stellsignale zur Betätigung der Stellglieder an der Maschine gebildet. Schließen bestimmte Stellsignale oder Maschinenfunktionen einander aus, oder läßt ein bestehender Maschinen-
zustand die Ausführung einer Funktion momentan nicht zu,
so muß durch Verriegelungen ein Fehlverhalten ausgeschlossen werden. Benötigt eine Maschinenfunktion mehrere Stell-

signale oder ist die Auflösung von Funktionsbefehlen in
eine Aufeinanderfolge von Stellsignalen erforderlich, so
wird dies ebenso als feststehender Ablaufalgorithmus in
der Funktionssteuerung verwirklicht.

Eine dritte Einteilungsmöglichkeit bietet die in Bild 2-1c
gezeigte gerätemäßige Gliederung. Die Gerätebezeichnungen
sind aus dem Bereich der Werkzeugmaschinensteuerungen ge-
läufig und z.B. in /4/ näher erläutert. Stellt man die gerätemäßige Einteilung der aufgabenmäßigen gegenüber, so
ist eine teilweise Übereinstimmung zwischen den Begriffen
Programmsteuerung und numerische Steuerung sowie den Begriffen Funktionssteuerung und Maschinensteuerung fest-
stellbar. Die Anpaßsteuerung wird meist ebenfalls der
Funktionssteuerung zugeordnet. Hierfür sprechen die gleich-
artige Signalverarbeitung und die ohnehin gemeinsame gerätemäßige Realisierung bei Verwendung speicherprogrammierter
Steuerungen.

2.2 Unterscheidungsmerkmale für Funktionssteuerungen

Entsprechend /3/ ergeben sich für Funktionssteuerungen die
in Bild 2-2 aufgezeigten Unterscheidungsmerkmale. Sie sollen nachfolgend zur Charakterisierung von Funktionssteuerungen herangezogen werden.

2.2.1 Binäre und digitale Steuerungen

Da der Begriff "digital" strenggenommen den Begriff "binär"
umfaßt, ist die binäre Steuerung eigentlich als eine Sonder-
form der digitalen Steuerung zu betrachten. In Übereinstimmung mit /3/ soll jedoch im folgenden die digitale Steuerung durch die Verarbeitung überwiegend zahlenmäßig darge-
stellter Informationen (Wortverarbeitung) charakterisiert
werden, wie sie vor allem für die übergeordneten Aufgaben
der Prozeßführung, der Datenverteilung und der Programmsteuerung erforderlich ist. Dagegen steht für die Aufgaben

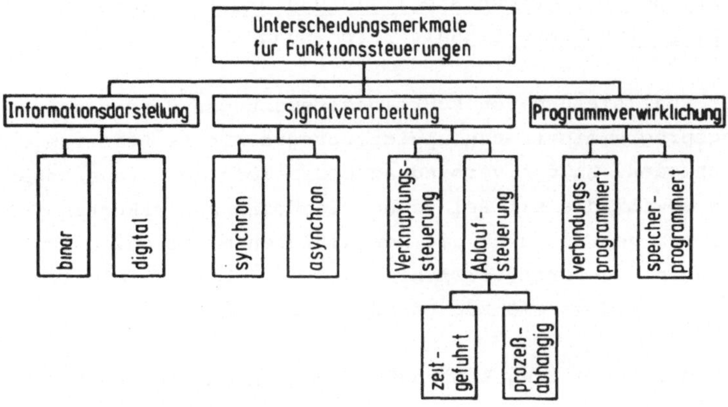

<u>Bild 2-2</u>: Unterscheidungsmerkmale für Funktionssteuerungen

der Funktionssteuerung die logische Verknüpfung binärer Signale (Bitverarbeitung) im Vordergrund. Entsprechend ist die
Funktionssteuerung als binäre Steuerung einzustufen.

Für bestimmte Anwendungsfälle bietet sich jedoch auch innerhalb von Funktionssteuerungen der Einsatz komplexer Funktionsbausteine aus dem digitalen Bereich an. Fertige Bausteine wie Zähler, Vergleicher, Decoder oder einfache Arith-
metikbausteine stehen hierfür in Form von integrierten
Schaltkreisen zur Verfügung. Auch bei speicherprogrammierten
Steuerungen ist ein wachsender Trend zur Bereitstellung entsprechender wortverarbeitender Operationen zu erkennen.

Im Rahmen des Funktionssteuerungsentwurfs, dies soll hier
festgestellt werden, geht es jedoch nicht um die Entwicklung
dieser Bausteine. Entwurfsverfahren sind daher vor allem auf
den Entwurf der Funktionssteuerung als binäre Steuerung aus-
zulegen, müssen aber auch die Integration fertig vorgegebener
Funktionsbausteine ermöglichen.

2.2.2 Arten der Steuerungsrealisierung und synchrone bzw. asynchrone Signalverarbeitung

Bei der Realisierung von Funktionssteuerungen werden verbindungsprogrammierte und speicherprogrammierte Steuerungen unterschieden. Zu den verbindungsprogrammierten Steuerungen gehören sowohl die mit Relais und Schützen ausgeführten Kontaktsteuerungen als auch die kontaktlosen elektronischen Steuerungen, zu deren Verwirklichung verschiedene elektronische Bausteinsysteme zur Verfügung stehen.

Mit der Bereitstellung kostengünstiger, hochintegrierter Speicherbausteine wurde der Einsatz speicherprogrammierter Steuerungen vor allem für komplexe Steuerungsaufgaben oder Anwendungen, die hohe Flexibilität erfordern, wirtschaftlich interessant. Gegenwärtig lassen sich zwei Entwicklungsrichtungen erkennen /1/. Einerseits werden unter Verwendung hochintegrierter Mikroprozessorbausteine Geräte mit hoher Leistungsfähigkeit insbesondere im wortverarbeitenden Bereich hergestellt. Andererseits werden kostengünstige, auf Aufgaben mit geringerem Funktionsumfang abgestimmte speicherprogrammierte Steuerungen angeboten. Damit ist die stetige Ablösung verbindungsprogrammierter Steuerungen auch im Bereich der Einzelmaschinensteuerungen zu erwarten.

Diesem Trend entsprechend sind momentan vor allem Entwurfshilfen für Steuerungsrealisierungen mit speicherprogrammierten Steuerungen gefragt. Dennoch darf nicht übersehen werden, daß konventionelle, verbindungsprogrammierte Steuerungen noch bis auf absehbare Zeit den größten Marktanteil besitzen werden. Für das Entwurfsverfahren ergibt sich hieraus die Forderung nach einer möglichst allgemeinen Anwendbarkeit bzw. Erweiterbarkeit auch für verschiedene Realisierungsarten und insbesondere nach einer realisierungsunabhängigen Formulierung der Steuerungsaufgabe.

In engem Zusammenhang mit den für die Steuerungsrealisierung verwendeten Bauelementen bzw. Geräten steht, wie in
Bild 2-3 angedeutet, die Unterscheidung nach synchroner
und asynchroner Signalverarbeitung.

Bei asynchronen Steuerungen werden nur ungetaktete Bauelemente verwendet. Sie reagieren unmittelbar auf Änderungen
der Eingangssignale. Die Schaltvorgänge sind durch die Lauf-
zeitverzögerungen der Schaltelemente bestimmt. Infolge unterschiedlicher Signalverzögerungen können Wettlauf- und
Hazard-Probleme /5, 10, 22/ auftreten. Sie zu vermeiden,
ist ein wichtiger Gesichtspunkt beim Entwurf asynchroner
Steuerungen.

Synchrone Steuerungen setzen die Verwendung getakteter
Speicherelemente voraus, welche die an ihren Eingängen anstehenden Signale im Raster eines Taktsignals synchron

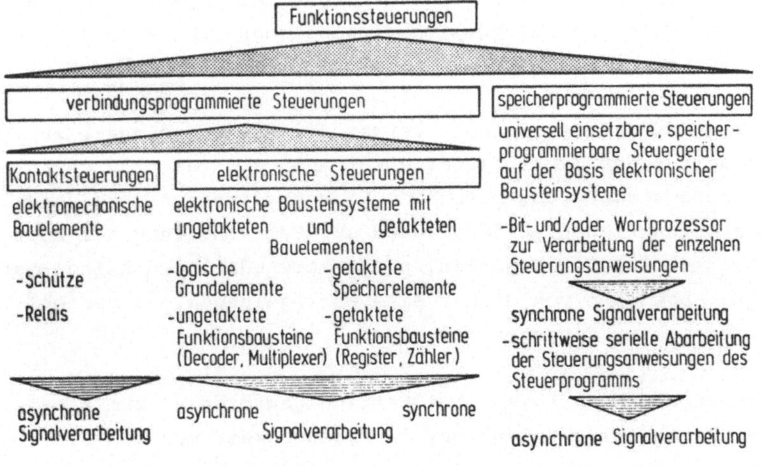

Bild 2-3: Realisierungsmöglichkeiten für Funktions-
          steuerungen

verarbeiten. Die bei asynchroner Signalverarbeitung auftretenden Probleme werden dadurch vermieden.

Kontaktsteuerungen sind grundsätzlich asynchrone Steuerungen. Dasselbe gilt für elektronische Steuerungen, solange
sie nur ungetaktete Bauelemente enthalten. Schwieriger ist
die Einordnung der speicherprogrammierten Steuerungen. Während die Signalverarbeitung des Prozessors zweifellos synchron ist, weist die Steuerung bei einer Beurteilung ihres
Gesamtverhaltens als Folge der seriellen Abarbeitung des
Steuerprogramms typische Merkmale einer asynchronen Steuerung auf. Auf die Entstehung von Hazards und Wettläufen bei
speicherprogrammierten Steuerungen soll in Kap. 6.3
noch eingegangen werden.

2.2.3 <u>Verknüpfungs- und Ablaufsteuerungen</u>

Je nach Art des zu steuernden Prozesses werden Funktionssteuerungen mit unterschiedlichem Verarbeitungsprinzip realisiert. Nach /3/ lassen sich Verknüpfungs- und Ablaufsteuerungen unterscheiden.

Bei Verknüpfungssteuerungen werden die Ausgangssignale zur
Ansteuerung der Stellglieder einer Anlage direkt durch
Boolesche Verknüpfungen von den Eingangssignalen abgeleitet.
Speicherfunktionen werden, außer zur Selbsthaltung bei kurz-
zeitig anstehenden Signalen, nicht verwendet. Die Anlage ist
damit, abgesehen von Sicherheitsverriegelungen, in beliebiger Weise über Eingaben steuerbar.

Ablaufsteuerungen kommen bei Fertigungsprozessen zum Einsatz, deren Ablauf nicht nur in Abhängigkeit von den Eingangssignalen, sondern auch unter Berücksichtigung der Vor-
geschichte des Prozeßablaufs bzw. des erreichten Prozeßzu-
standes gesteuert werden soll. Sie enthalten neben Verknüp-
fungs- auch Speicherfunktionen und weisen ein dem Prozeß-
ablauf entsprechendes Folgeverhalten auf.

Als zweckmäßig erweist sich die in /6/ angegebene weitere Unterteilung von Ablaufsteuerungen in Zwangsfolge- und Freifolgesteuerungen.

Bei Zwangsfolgesteuerungen steht die Realisierung eines bestimmten Prozeßablaufs mit einer fest vorgegebenen Folge von Ablaufschritten im Vordergrund. Charakteristisch ist die Nachbildung dieser Schritte durch die Speicherglieder der Steuerung und die Ansteuerung der in der Anlage vorhandenen Stellglieder in Abhängigkeit vom aktuellen Ablaufschritt. Für das Weiterschalten zwischen den Schritten sind überwiegend Rückmeldungen vom Prozeß maßgebend, die die erfolgreiche Beendigung bestimmter Ereignisse signalisieren. Eingriffe des Bedienpersonals beschränken sich auf Start- oder Stopp-Befehle oder auf die Auswahl verschiedener Ablaufzweige, falls solche vorgesehen sind.

Insbesondere bei Werkzeugmaschinensteuerungen wird dagegen der Fertigungsablauf häufig vom Bedienpersonal oder einer übergeordneten Programmsteuerung vorgegeben. Aufgabe der Funktionssteuerung ist es hier, für beliebige Befehlsfolgen ein einwandfreies und sicheres Zusammenspiel der Anlagenteile zu gewährleisten, wobei abhängig vom aktuellen Anlagenzustand oft nur bestimmte Steuereingriffe möglich oder sinnvoll sind. Auch in diesem Fall weist die Funktionssteuerung also ein Folgeverhalten auf. Sie unterscheidet sich jedoch im Charakter wesentlich von der Zwangsfolgesteuerung und soll entsprechend /6/ als Freifolgesteuerung bezeichnet werden. Die Freifolgesteuerung orientiert sich, nachdem ein fester Ablauf nicht vorliegt, zweckmäßigerweise an den Zuständen der Anlage bzw. der Anlagenteile. Diese werden durch die Speicherglieder der Steuerung nachgebildet. Die parallele Betrachtung aller Anlagenteile und deren gegenseitige Beeinflussung sowie die Vielzahl der zu jedem Zeitpunkt zulässigen Eingriffsmöglichkeiten sind kennzeichnend für die stark vermaschte Struktur der Freifolgesteuerung.

Während Ablaufsteuerungen mit Zwangsfolge z.B. zur Steuerung
fester Bearbeitungsabläufe bei Fertigungsautomaten oder Trans-
ferstraßen geeignet sind, finden für Funktionssteuerungen an
Werkzeugmaschinen vor allem die Verknüpfungssteuerung bzw. die
Ablaufsteuerung als Freifolgesteuerung Anwendung. Häufig sind
auch Kombinationen der aufgezeigten Steuerungsarten anzutreffen. So muß die Mehrzahl der in einem automatischen Fertigungsablauf betriebenen Anlagen zusätzlich einen Hand- oder Ein-
richtebetrieb ermöglichen. Dabei wird üblicherweise der Ablauf von einer Zwangsfolgesteuerung vorgegeben, während der
Handbetrieb über eine Freifolge- bzw. eine Verknüpfungssteuerung realisiert wird.

Hieraus läßt sich in erster Linie die Forderung nach einer
einheitlichen und für die unterschiedlichen Verarbeitungsprin-
zipien gleichermaßen gut geeigneten Darstellungsform ableiten.
In Kap. 3.1 soll hierauf näher eingegangen werden. Dagegen
wird es für die Umsetzung dieser Steuerungsbeschreibung in eine entsprechende Schaltung bzw. Anweisungsfolge notwendig sein,
verschiedene, auf das jeweilige Verarbeitungsprinzip abgestimmte Algorithmen bereitzustellen.

2.3 Die Struktur der Funktionssteuerung

2.3.1 Aufgliederung in Funktionsgruppen und Funktions-
einheiten

Funktionssteuerungen lassen sich nach /7/ bzw. /8/ sowohl
einer horizontalen als auch einer vertikalen Gliederung
unterziehen (Bild 2-4).

Horizontal können Eingabe-, Verknüpfungs-, Ausgabe- und Stell-
ebene unterschieden werden. Ein- und Ausgabeebene dienen der
Signalanpassung bzw. -verstärkung sowie der galvanischen
Trennung. In der Verknüpfungsebene erfolgt die logische Verarbeitung der Signale. Ihr gilt das Hauptinteresse beim Entwurf.

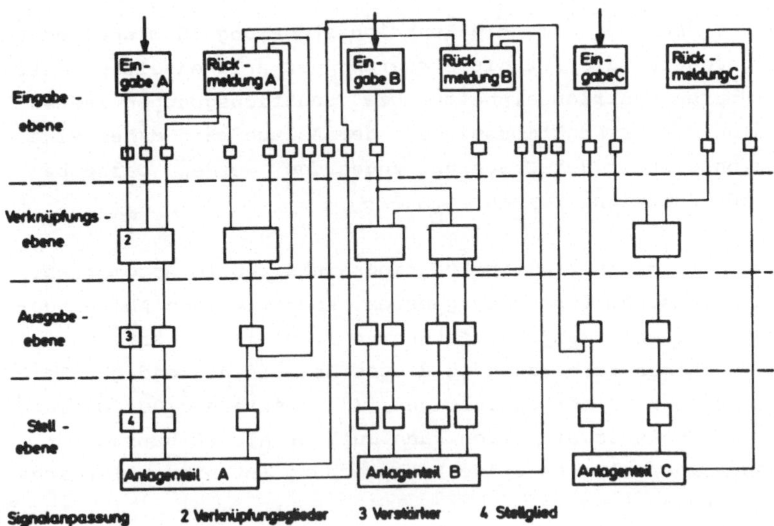

<u>Bild 2-4</u>: Horizontale und vertikale Gliederung der
Funktionssteuerung /8/

Demgegenüber steht eine vertikale Aufgliederung in funktio-
nal zusammengehörige Einheiten. Eine Orientierung an den konstruktiv vorgegebenen Funktionsgruppen bzw. Funktionseinheiten der zu steuernden Fertigungsanlage bietet sich dabei an.

Die Funktionseinheit wurde in /9/ als elementare Einheit definiert, welche im Bezug auf <u>eine</u> bestimmte physikalische
Größe (z.B. Länge, Geschwindigkeit, Druck, Energie) verschiedene Zustände annehmen kann und entsprechend steuerbar ist.
In ihrer Funktion eng zusammenwirkende Funktionseinheiten können zu Funktionsgruppen zusammengefaßt werden. Vorschubachsen,
Werkzeugwechseleinrichtungen oder Werkstücktransportsysteme
sind Beispiele für Funktionsgruppen. Als Funktionseinheiten
treten im Falle der Werkzeugwechseleinrichtung z.B. Einheiten für das Drehen des Magazins, das Anheben, Drehen und Aus-
fahren der Greiferarme, sowie die Spanneinrichtungen von
Spindel und Greifer auf.

Entsprechend läßt sich die Funktionssteuerung in Einheiten untergliedern, die für die Steuerung der anlagenseitig unterscheidbaren Funktionseinheiten bzw. Funktionsgruppen zuständig sind. Jeder Funktionseinheit der Anlage kann daher eine Funktionseinheit der Steuerung zugeordnet werden. Dasselbe gilt für Funktionsgruppen.

Sollen die so ermittelten Funktionseinheiten im Automatikbetrieb nach einem fest vorgegebenen, schrittweisen Ablauf gesteuert werden (Zwangsfolgesteuerung), so ist es erforderlich, auch den zur Erzeugung dieses Ablaufs notwendigen Teil der Steuerung zu berücksichtigen. In Erweiterung der Definition von Funktionseinheiten kann auch er als FE betrachtet werden. Eine anlagenseitige Entsprechung ist hier allerdings nicht vorhanden.

2.3.2 Kopplung der Funktionseinheiten

Es ist eine wesentliche Aufgabe der Steuerung, ein reibungsloses Zusammenspiel der in der Anlage vorhandenen Funktionseinheiten zu gewährleisten. Hierzu sind die steuerungsseitig vorhandenen Funktionseinheiten in geeigneter Weise zu koppeln. In Bild 2-5 werden zwei Möglichkeiten der Kopplung unterschieden.

Für eine Vielzahl von Fällen besteht die Kopplung aus einer einfachen gegenseitigen Verriegelung der Funktionseinheiten, mit der Folge, daß manche Zustandsänderungen innerhalb einer FE nur gestattet werden, wenn eine oder mehrere andere Funktionseinheiten sich gleichzeitig in einem bestimmten Zustand befinden. Dies kann durch einen direkten gegenseitigen Signalaustausch zwischen den beteiligten Funktionseinheiten erreicht werden. Auch einfache Funktionsabläufe sind auf diese Weise realisierbar.

Sind komplexere Funktionsabläufe zu verwirklichen, so werden die Funktionseinheiten dagegen meist in hierarchischer Weise

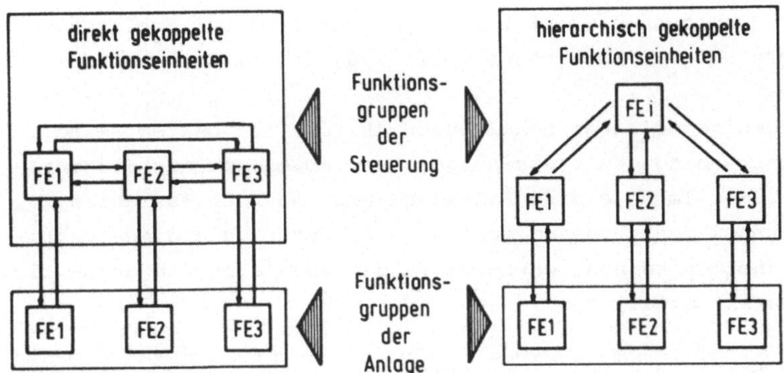

FE = Funktionseinheit

Bild 2-5: Funktionseinheiten (FE) in Steuerung bzw.
Anlage und Kopplung von FE in Funktionsgruppen

von einer übergeordneten Funktionseinheit koordiniert. Diese
übergeordnete Funktionseinheit FE i wird in der Regel im
Rahmen einer Zwangsfolgesteuerung einen festen Ablauf vorgeben, in dessen Raster die untergeordneten Funktionseinheiten in richtiger Folge angestoßen werden. Sie kann jedoch auch einer konstruktiv vorhandenen Funktionseinheit
entsprechen, der eine übergeordnete Rolle bezüglich des
Funktionsablaufs zukommt.

2.3.3 Konsequenzen für das Entwurfsverfahren

Die Unterscheidung in Ablauf- und Verknüpfungssteuerungen
läßt sich analog auf die einzelnen Funktionseinheiten an-
wenden. Funktionseinheiten mit Verknüpfungsstruktur bestehen aus kombinatorischen Schaltungen oder Schaltnetzen.
Funktionseinheiten mit Ablaufstruktur werden als sequentielle Schaltungen - auch Folgeschaltungen oder Schaltwerke ge-
nannt - mit Verknüpfungs- und Speichergliedern realisiert.

Die mathematische Behandlung kombinatorischer und sequenti-
eller Schaltungen erfolgt auf der Grundlage der Booleschen
Algebra und der Automatentheorie /10, 11, 12/.

Bei kombinatorischen Schaltungen (Bild 2-6a) besteht eine
direkte Abhängigkeit der Ausgangsvariablen von den Eingangsvariablen. Im Bild sind Eingangs- bzw. Ausgangsvariablen zu
Vektoren $\underline{x}$ und $\underline{y}$ zusammengefaßt. Die Werte, die diese Vektoren annehmen können, entsprechen den möglichen Eingangs- bzw.
Ausgangskombinationen.

Sequentielle Schaltungen (Bild 2-6b) befinden sich zu jedem
Zeitpunkt in einem aus einer begrenzten Anzahl von Zuständen
und weisen ein bestimmtes Folgeverhalten auf. Ebenso wie für
die Eingangs- und Ausgangsvariablen läßt sich für die Zu-
stände ein Vektor $\underline{s} = (s_0, s_1, \ldots, s_{k-1})$ einführen. Da das
Schaltwerk stets nur einen der Zustände $s_0, s_1, \ldots, s_{k-1}$
annehmen kann, ist dieser Vektor jedoch nur solcher Werte
fähig, bei denen ein Element L und alle anderen 0 sind.

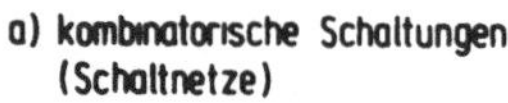
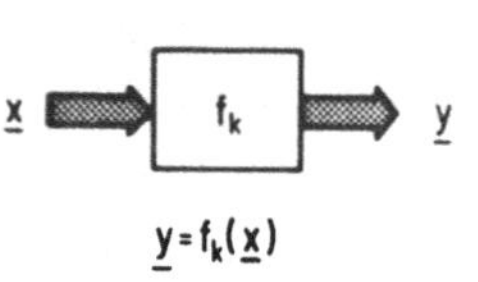
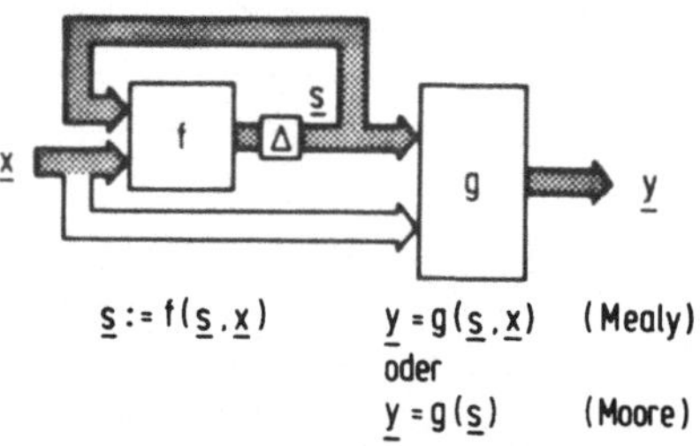

Bild 2-6: Kombinatorische und sequentielle Schaltungen

Endliche Automaten können als abstrakte Modelle zur Beschreibung von Schaltwerken herangezogen werden.

Die Aufgliederung der Funktionssteuerung in Funktionseinheiten stellt nun eine wesentliche Voraussetzung für die Anwendung dieser mathematischen Grundmodelle dar. Eine geschlossene Behandlung der gesamten Funktionssteuerung wäre aufgrund der Vielzahl von Ein- und Ausgangsvariablen, mit deren Anzahl Schaltungsumfang und Rechenaufwand überproportional ansteigen, in den meisten Fällen praktisch nicht möglich.

Für das Entwurfsverfahren ist es somit erforderlich, bereits bei der Beschreibung der Steuerungsaufgabe auf eine klare Trennung der Funktionseinheiten zu achten, die auch in den nachfolgenden Entwurfsphasen beibehalten werden kann. Die Kopplung der Funktionseinheiten ist in geeigneter Weise zu berücksichtigen.

3 Der Entwurf von Funktionssteuerungen

Der Entwurf von Funktionssteuerungen erfolgt bislang in meist
intuitiver Vorgehensweise und direkt in einer der gerätetech-
nischen Realisierung angepaßten Darstellungsform. Stromlaufplan oder Logikplan (unter Verwendung der Schaltzeichen für
die digitale Informationsverarbeitung /13/) sind dabei - infolge der lange Zeit vorherrschenden Realisierung von Funktionssteuerungen als Kontaktsteuerung oder unter Verwendung
elektronischer Logikbausteine - dominierend. In welch hohem
Maß die industrielle Steuerungstechnik auch heute noch auf
diese Entwurfspraktik ausgerichtet ist, dokumentiert sich
darin, daß selbst speicherprogrammierte Steuerungen überwiegend auf dieser Basis programmiert werden.

Der Entwurfsprozeß und dessen Ergebnis werden bei Anwendung
solcher Entwurfsmethoden maßgeblich von der Erfahrung des Ent-
werfers in der gewählten Technologie und seiner individuellen
Vorgehensweise bei der Schaltungssynthese bestimmt. Hinzu
kommt, daß die mit geräte- bzw. technologiespezifischen Details überlastete Darstellungsform übergeordnete Zusammen-
hänge oft nur noch schwer erkennen läßt. Das für die Inbetriebnahme und Wartung einer Steuerungsanlage sowie bei nach-
träglichen Änderungen notwendige Verständnis der Steuerungs-
funktion durch Dritte wird dadurch erschwert, und die Einar-
beitung ist mit einem erheblichen Zeitaufwand verbunden.

Da sowohl die Kosten des Entwurfs als auch die Inbetriebset-
zungs- und Inbetriebhaltungskosten einen immer beträchtliche-
ren Anteil an den Gesamtkosten einer Anlage einnehmen, kommt
bei zunehmendem Automatisierungsgrad industrieller Prozesse
einer umfassenden Rationalisierung immer größere Bedeutung zu.
Rationalisierungsbemühungen müssen sich daher zum einen auf
die Vorgehensweise beim Entwurf konzentrieren, zum andern
aber auch auf die Erzielung eines Entwurfsergebnisses der-
gestalt, daß auch die dem Entwurf nachfolgenden Arbeiten mit
möglichst geringem Aufwand an Zeit und Spezialkenntnissen

erfolgen können. Ein Überdenken der bisherigen Methoden und
Hilfsmittel und gegebenenfalls die Erarbeitung neuer Verfah-
rensweisen ist hierzu erforderlich.

Für Maßnahmen zur Rationalisierung des Entwurfs sind, wie in
Bild 3-1 gezeigt, drei Aufgabenbereiche erkennbar. Grundlegende Aufgabe ist es, eine geeignete Methode zur Steuerungsbeschreibung bereitzustellen, auf deren Basis sich im zweiten
Schritt eine systematische Vorgehensweise für den Entwurf entwickeln läßt. Um weiter eine wirksame Entlastung von Routinearbeiten und gleichzeitig eine Verkürzung der Durchlaufzeiten
zu erreichen, bietet es sich in einem dritten Schritt an, den
Entwurf weitmöglichst rechnerunterstützt durchzuführen.

Im folgenden sollen für die einzelnen Aufgabenbereiche die
maßgeblichen Anforderungen erarbeitet und die Lösungswege
aufgezeigt werden. Neben problemspezifischen sind dabei zusätzliche Anforderungen zu berücksichtigen, die, wie in
Bild 3-1 angedeutet, aus der notwendigen Abstimmung der Maßnahmen resultieren.

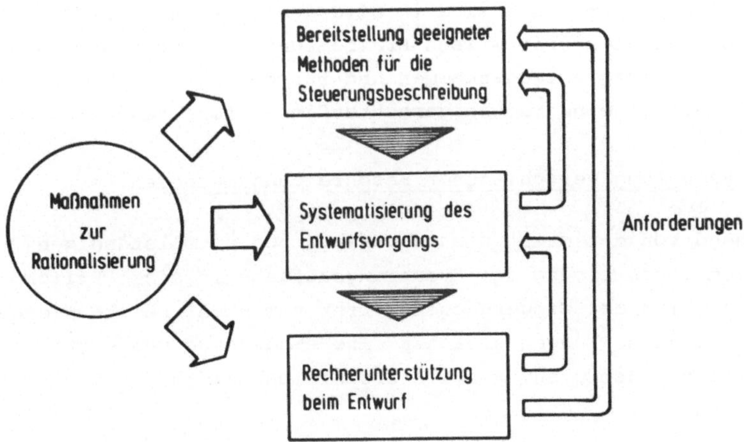

Bild 3-1: Maßnahmen zur Rationalisierung beim Entwurf
von Funktionssteuerungen

3.1 Geeignete Methoden zur Steuerungsbeschreibung

3.1.1 Anforderungen an die Steuerungsbeschreibung

Die Steuerungsbeschreibung ist sowohl Entwurfshilfsmittel als
auch Grundlage für die Dokumentation und daher von zentraler
Bedeutung für jegliche Rationalisierungsbemühung. Anforderungen an die Steuerungsbeschreibung ergeben sich somit zum einen aus dem Entwurfsbereich, wo die angestrebte Systematisierung und Rechnerunterstützung im Mittelpunkt stehen, zum anderen aber auch aus dem Dokumentationsbereich und den in
engem Zusammenhang damit stehenden Bereichen Inbetriebnahme,
Test und Wartung.

Grundlegend ist die Forderung nach einer schnellen und eindeutigen und darüber hinaus leicht verständlichen Formulierung
der Steuerungsaufgabe. Als kompakte und übersichtliche Darstellungsform hat sie einen schnellen Zugang zum Problem und
eine leichte Prüfbarkeit zu gewährleisten. Eine graphische
Darstellung wird dabei vor allem für Ablaufsteuerungen vorteilhaft sein. Die wesentlichen Anforderungen an die geeignete Beschreibungsmethode sind in Bild 3-2 zusammengestellt. Sie
muß zudem einer schrittweisen Erarbeitung und Verfeinerung der
Aufgabenstellung entgegenkommen und für den rechnerunterstützten Entwurf in eine rechnergerechte Eingabeform umsetzbar sein.

3.1.2 Bewertung verschiedener Beschreibungsmethoden

Ausgehend von der meist noch ungenauen und unvollständigen
verbalen Beschreibung der Steuerungsaufgabe in einem Pflich-
tenheft, wird der Steuerungsentwerfer zumindest bei komplexe-
ren Aufgabenstellungen zunächst eine eindeutige und exakte
Darstellung anstreben. Formale Beschreibungsmethoden bieten
sich dafür an.

Die mathematische Formulierung von Verknüpfungsfunktionen
durch Boolesche Gleichungen oder in tabellarischer Form

<table>
<tr><td colspan="4" align="center">Anforderungen an die Steuerungsbeschreibung</td></tr>
<tr><td>Problem-
orientierung</td><td>Realisierungs-
unabhängigkeit</td><td>übersichtliche
Strukturierung</td><td>Bildung eines
funktionellen Modells</td></tr>
<tr><td>

• zugeschnitten auf Funktionssteuerungen
• Darstellbarkeit binärer und parallel abzuarbeitender Funktionen
• Darstellbarkeit von Verknüpfungs- steuerungen bzw. Ablaufsteuerungen mit Freifolge

</td><td>

• frei von techno- logiespezifischen Details bzw. Einschränkungen
• Eignung als inter- disziplinäres Beschreibungs- mittel
• Erleichterung des Übergangs auf andere Realisierungsarten

</td><td>

• zur Zerlegung des Steuerungs- problems in durchschaubare Teilprobleme (Modularisierung)
• als Grundlage für die Systematisierung des Entwurfs

</td><td>

• zur frühzeitigen Überprüfung der Beschreibung auf Vollständigkeit und Widerspruchs- freiheit
• zum Testen der Funktionsfähigkeit anhand des Modells
• zur Erleichterung von Inbetriebnahme und Fehlerdiagnose

</td></tr>
</table>

<u>Bild 3-2</u>: Anforderungen an die Steuerungsbeschreibung

ist grundlegend für jede Berechnung oder Umformung mit schaltalgebraischen oder automatentheoretischen Synthese- verfahren und für die Eingabe und Verarbeitung im Rechner bestens geeignet. Daneben existieren eine Reihe von gra- phischen Darstellungsmethoden, denen aufgrund ihrer An- schaulichkeit und Übersichtlichkeit eine große Bedeutung zukommt. Bild 3-3 zeigt verschiedene Verfahren und gibt an, für welche Anwendungsbereiche sie vorteilhaft einsetzbar sind.

Gegenüber dem weitgehend realisierungsorientierten Strom- laufplan ermöglicht der Funktionsplan unter Verwendung der Schaltzeichen für binäre Funktionen nach DIN 40700 Teil 14 /13/ die Darstellung von Verknüpfungen durch Logikbausteine, ohne auf deren schaltungsmäßigen Aufbau einzugehen. Beide Verfahren sind, wie auch Boolesche Gleichungen, vorrangig auf die Beschreibung der Verknüpfungslogik ausgelegt, und dementsprechend nur für rein kombinatorische Funktionsein- heiten geeignet. Ablaufsteuerungen lassen sich damit nur auf

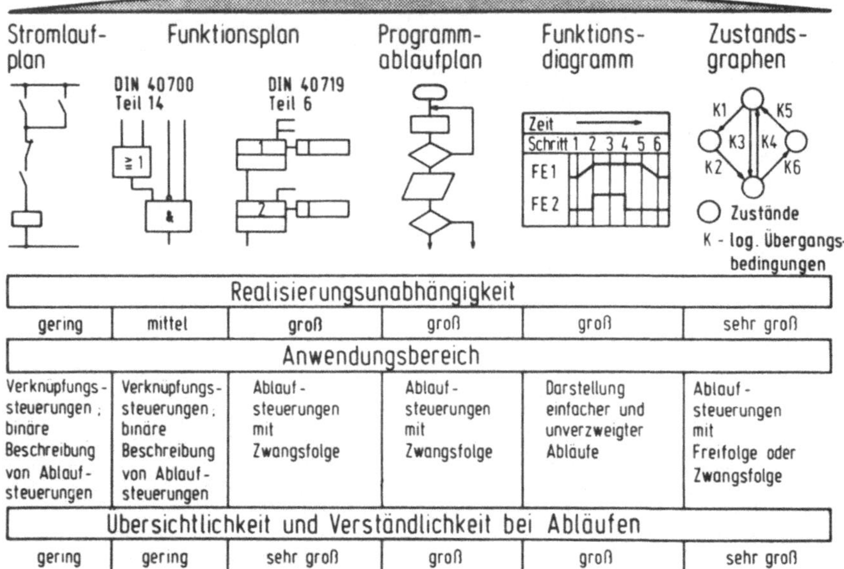

	Realisierungsunabhängigkeit				
gering	mittel	groß	groß	groß	sehr groß
Anwendungsbereich					
Verknupfungs-steuerungen ; binäre Beschreibung von Ablauf-steuerungen	Verknupfungs-steuerungen ; binäre Beschreibung von Ablauf-steuerungen	Ablauf-steuerungen mit Zwangsfolge	Ablauf-steuerungen mit Zwangsfolge	Darstellung einfacher und unverzweigter Abläufe	Ablauf-steuerungen mit Freifolge oder Zwangsfolge
Übersichtlichkeit und Verständlichkeit bei Abläufen					
gering	gering	sehr groß	groß	groß	sehr groß

Bild 3-3: Graphische Darstellungsmethoden zur Steuerungsbeschreibung

der Ebene des binären Schaltwerks darstellen, so daß der Ablauf bzw. das sequentielle Verhalten nur schwer erkennbar ist.

Für einfache und unverzweigte Abläufe werden häufig Funktionsdiagramme /14/ verwendet. Sie stellen die einzelnen Steuerungssignale sowie die Funktion der Bauglieder im gemeinsamen zeitlichen Verlauf dar und zwingen daher zu einer starren Festlegung des Funktionsablaufs.

Programmablaufpläne /15, 16/ lassen dagegen beliebige Ablaufstrukturen zu. Sie sind auf die sequentielle Abarbeitung bei Rechnerprogrammen zugeschnitten und bieten deshalb nur bei Vorliegen eines schrittweisen Prozeßablaufs Vorteile.

Zur Darstellung von Verknüpfungen und parallel ablaufenden
Funktionen sind sie nicht geeignet.

Weit mehr den Anforderungen der industriellen Steuerungstechnik entspricht die nach DIN 40719 Teil 6 /17/ um Schritt-
und Befehlssymbole erweiterte Funktionsplandarstellung. Sie
ermöglicht nicht nur die problemnahe Notation beliebig ver-
zweigter Abläufe, sondern umfaßt auch die für Verknüpfungs-
und Verriegelungsfunktionen notwendigen Beschreibungselemente.
Allerdings eignet sich die Schrittsymbolik des Funktionsplans,
wie auch der Programmablaufplan, vornehmlich für Zwangsfolgesteuerungen, während bei Funktionssteuerungen, wie bereits
ausgeführt, überwiegend Funktionseinheiten mit einer der
Freifolgesteuerung entsprechenden Ablaufstruktur auftreten.

Zur Beschreibung von Funktionssteuerungen wurden daher bereits
in /18/ bzw. /19/ die aus der Automatentheorie geläufigen Zustandsgraphen herangezogen. Mit der Ableitung von Zustandsgraphen als Zustandsmodelle der in der zu steuernden Anlage
vorhandenen Funktionseinheiten konnte in /9/ eine systematische und speziell auf Funktionssteuerungen zugeschnittene
Beschreibungsmethode aufgezeigt werden. Ihre Vorteile liegen
in der Eignung zur Darstellung der parallelen Arbeitsweise
der einzelnen Funktionseinheiten sowie im Modellcharakter der
Beschreibung. Selbst die vermaschte Ablaufstruktur der Freifolgesteuerung läßt sich durch Zustandsgraphen in übersichtlicher Weise darstellen. Als realisierungsunabhängiges Be-
schreibungsmittel sind sie ideale Ausgangsbasis für ein auf
verschiedene Realisierungsarten erweiterbares Entwurfsverfahren und zugleich ein für alle am Entwurf einer Anlage beteiligten Spezialisten verschiedener Fachrichtungen gleichermaßen verständliches Kommunikationsmittel.

In Bezug auf Ablaufsteuerungen werden den in Bild 3-2 erhobenen Anforderungen an die Steuerungsbeschreibung also Zustandsgraphen am besten gerecht. Der Formulierung der Steuerungsaufgabe unter Zuhilfenahme von Zustandsgraphen (zur Darstellung

des Folgeverhaltens) und Booleschen Gleichungen (zur Festlegung der Verknüpfungslogik) wird dementsprechend im folgenden der Vorzug gegeben.

3.2 Die Systematisierung des Entwurfsprozesses

Rationalisierungsbemühungen im Entwurfsbereich sind bislang vor allem auf die Standardisierung und Wiederverwend-
barkeit von Problemlösungen für bestimmte Steuerungsaufgaben ausgerichtet. So ist die Mehrzahl der Anlagen- bzw.
Werkzeugmaschinenhersteller dazu übergegangen, unter Verwendung eines Baukastensystems aus vorhandenen Teillösungen für einzelne Funktionsgruppen komplexere Steuerungs-
anlagen modulartig zusammenzusetzen. Speziellen Anforderungen und Änderungswünschen versucht man weitgehend durch
Modifikation dieser Teillösungen gerecht zu werden, so
daß der Neuentwurf und damit verbunden die Vielzahl indi-
vidueller Problemlösungen auf ein erträgliches Maß reduziert
wird. Auch die bei der Dokumentation anfallenden umfangreichen Zeichenarbeiten können auf diese Weise rationeller ge-
staltet werden.

Eine Einschränkung des Rationalisierungseffekts ergibt
sich dadurch, daß fertige Teillösungen sich immer nur
auf konkrete technische Realisierungen beziehen können.
Unterschiedliche Realisierungen erfordern also jeweils
eigene Baukastensysteme. Die Entwicklung eines solchen
Systems auf der Basis einer realisierungsunabhängigen
Steuerungsbeschreibung (z.B. Zustandsgraphen) ist jedoch
erst sinnvoll, wenn mit der Einführung des rechnerunterstützten Entwurfs der immer wieder neu entstehende Über-
setzungsaufwand nicht mehr ins Gewicht fällt.

Will man eine Systematisierung des Entwurfsvorgangs selbst
erreichen, so ist zunächst eine grundlegende Analyse der
Entwurfstätigkeiten bzw. -phasen erforderlich. Zielsetzung
ist einmal die Unterteilung in überschaubare Arbeitsab-

schnitte und zum anderen die möglichst weitgehende Schematisierung derselben. Im Hinblick auf den rechnerunterstützten Entwurf ist es außerdem notwendig, die formalen Entwurfsarbeiten von den eigentlich schöpferischen abzuspalten, da nur die ersteren algorithmierbar sind.

Bild 3-4 zeigt eine entsprechende Untergliederung des Entwurfs in mehrere aufeinanderfolgende Phasen. Die Vorgehensweise ist durch die Trennung zwischen funktionellem und technischem Entwurf sowie durch eine schrittweise Veränderung der Datenstrukturen gekennzeichnet und steht damit im deutlichen Gegensatz zur intuitiven Entwurfspraxis.

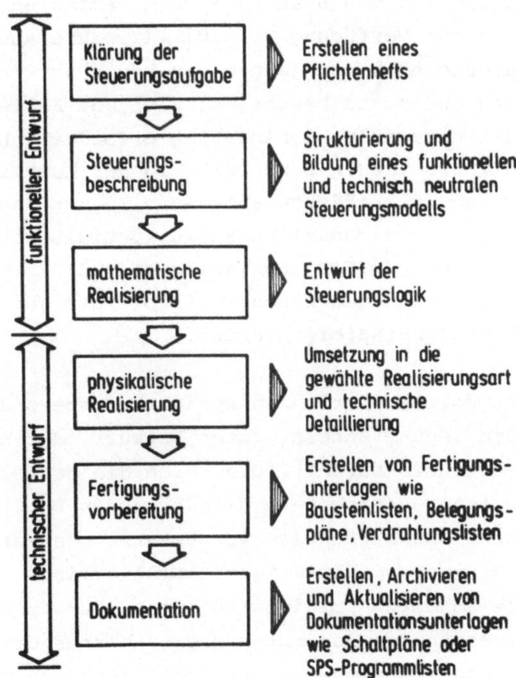

Bild 3-4: Phasen des Entwurfs einer Funktionssteuerung

Die schöpferischen Tätigkeiten konzentrieren sich nun auf
die Klärung der Steuerungsaufgabe und die Steuerungsbeschreibung in technisch neutraler Form. Sie sind zwar in
jedem Fall vom Entwerfer selbst zu erledigen, jedoch kann
die Steuerungsbeschreibung mit Hilfe der in /9/ vorge-
schlagenen Methode in systematischer Weise erarbeitet werden. Liegt die Aufgabenstellung dann in einer eindeutigen
und übersichtlich gegliederten Form vor, so sind die nachfolgenden Entwurfsphasen weitgehend formalisierbar und damit einer schematisierten Bearbeitung auch unter Einsatz
eines Rechners zugänglich. ·

Zur Logiksynthese im Bereich der mathematischen Realisierung stehen eine Reihe von systematischen Verfahren aus der
Automatentheorie zur Verfügung /5, 10, 11/. Ihre Anwendung
in der Steuerungstechnik ist jedoch bis heute nur in geringem Maße zu beobachten und beschränkt sich auf Fälle, bei
denen eine schaltungsmäßige Minimierung erforderlich ist.
Die Ursachen hierfür liegen einerseits in der Komplaziert-
heit der Verfahren, zum anderen aber auch in der ungenügenden
Praktikabilität für den manuellen Entwurf. Die Beschränkung
auf Probleme mit wenigen Eingangsvariablen und die Notwen-
digkeit eines vollständigen Neuentwurfs bei oft geringfügi-
gen Änderungen sind Beispiele hierfür.

Für den Einsatz solcher Verfahren spricht, insbesondere im
Hinblick auf den rechnerunterstützten Entwurf, deren programmäßige Algorithmierbarkeit. Die durch die gewählte
Beschreibungsmethode vorgegebene Gliederung in Funktionseinheiten schafft zudem günstige Voraussetzungen zur Be-
seitigung obengenannter Schwierigkeiten.Allerdings sollte
dabei nicht die Schaltungsminimierung im Vordergrund stehen, die das Verständnis des Entwurfsergebnisses oft erheblich erschwert und insbesondere für Realisierungen mit
speicherprogrammierten Steuerungen stark an Bedeutung ver-
loren hat, sondern vielmehr die Funktionssicherheit (z.B.
durch Vermeidung von Hazards und Wettläufen) und die Über-

sichtlichkeit der entworfenen Schaltung. Letztere bleibt
vor allem durch den Verzicht auf strukturverändernde Methoden (z.B. Zustandsreduktion) erhalten.

3.3 Der rechnerunterstützte Entwurf

Eine wirksame Kostensenkung im Entwurfsbereich ist nur erreichbar, wenn es gelingt, die Vielzahl der anfallenden
Routinetätigkeiten dem Rechner zu übertragen. Die angestrebte, möglichst weitgehend automatische Erstellung der
Lösung, einschließlich der Fertigungs- und Dokumentationsunterlagen, trägt außerdem zur Verkürzung der Entwurfs- und
Projektierungszeiten bei und erlaubt es dem Entwerfer, sich
ganz auf den schöpferischen Teil des Entwurfs - die Steuerungsbeschreibung - zu konzentrieren. Als weiterer Vorteil
ist zu werten, daß die Rechnerbearbeitung (die Richtigkeit
der Steuerungsbeschreibung vorausgesetzt) ein fehlerfreies
und funktionssicheres Entwurfsergebnis liefert. Dabei ist
es nicht einmal notwendig, daß der Anwender die dem Entwurfsverfahren zugrundeliegende Theorie beherrscht.

Der größte Anteil an Routinetätigkeiten ist sicherlich bei
der Erstellung der Fertigungs- und Dokumentationsunterlagen
anzutreffen. Aber auch der logische Entwurf (mathematische
Realisierung) und die technische Detaillierung (physikalische Realisierung) sind, wie noch gezeigt werden soll, einer
systematischen und auf festen Regeln beruhenden Behandlung
zugänglich und somit algorithmierbar. Eine durchgängige
rechnerunterstützte Bearbeitung der genannten Entwurfsphasen ist daher möglich und im Hinblick auf die direkte
Weiterverwendung der bereits rechnerintern vorliegenden
Datenmengen anzustreben.

Aus der Literatur sind einige Rechenprogramme bzw. Programm-
systeme zur Synthese von Schaltnetzen (LOGOP, MINBOS /20,21/)
oder auch von Schaltwerken /22, 23/ bekannt. Ein besonderes
Gewicht liegt hier bei der schaltungsmäßigen Minimierung,

wie sie vor allem bei der Entwicklung von Serienprodukten
notwendig ist. Die Verwendung solcher Systeme für den Entwurf von Einzelsteuerungen führt, wie das Beispiel von
RENDIS zeigt /24/, u.a. aufgrund der damit verbundenen Ab-
strahierung des Entwurfsergebnisses offenbar zu erheblichen
Schwierigkeiten bei der Einführung in die industrielle Praxis. Weitere Systeme (z.B. ADDIS /21/ oder rechnerunterstützt arbeitende Programmierplätze für SPS, wie sie von
verschiedenen Firmen angeboten werden) sind zwar für den
Entwurf von Einzelsteuerungen konzipiert, aber gleichzeitig an firmenspezifische Hardwarerealisierungen gebunden.
Die folgenden Überlegungen sind daher auf ein speziell auf
die Funktionssteuerung zugeschnittenes und prinzipiell auf
beliebige Steuerungsrealisierungen ausbaufähiges Programmsystem ausgerichtet.

Während die "mathematische Realisierung" der Steuerung auf
der Basis der Booleschen Algebra und der Automatentheorie
unabhängig von der gewählten Realisierungsart durchgeführt
werden kann, verlangt insbesondere der Aufgabenbereich
"physikalische Realisierung" überwiegend technologiespezi-
fische Problemlösungen. Um eine Erweiterung auf beliebige
(auch zukünftige) Realisierungsarten offenzuhalten, ist
eine modulare Programmkonzeption entsprechend Bild 3-5
erforderlich. Untergliedert man die Entwurfsphasen in Teilaufgaben und ordnet diesen jeweils einen eigenen Programmmodul zu, so ist es bei geeigneter Normierung der Modul-
schnittstellen möglich, für bestimmte Teilaufgaben abhängig
von der gewünschten Realisierungsart unterschiedliche Moduln einzusetzen. Andere Teilaufgaben können dagegen von
technologieunabhängigen Programmoduln bearbeitet werden.
Für jede Realisierungsart läßt sich auf diese Weise eine
spezifische Programmkette zusammenstellen. Ein derart fle-
xibles Programmsystem erleichtert dem Anwender einen Übergang auf andere Realisierungsarten und erlaubt es gleichzeitig, verschiedene Möglichkeiten nach technischen und
kostenmäßigen Gesichtspunkten miteinander zu vergleichen.

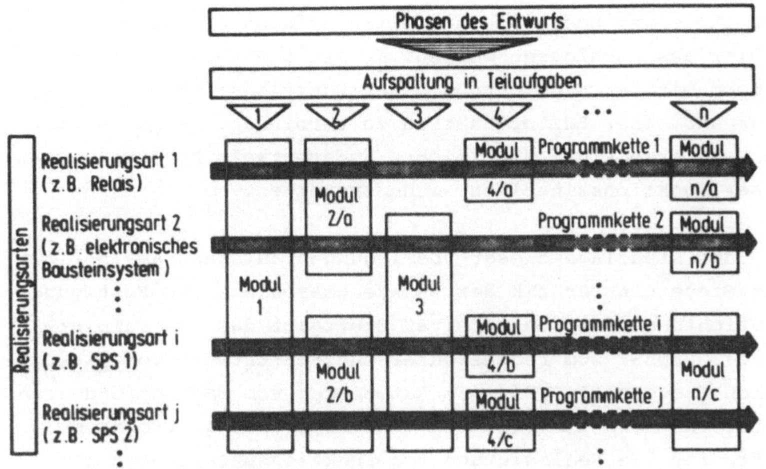

Bild 3-5: Bildung realisierungsspezifischer
Programmketten

Um den Einsatz auf Rechnern der mittleren Datentechnik zu
ermöglichen, ist bei der Konzeption des zu entwickelnden
Programmsystems vor allem Wert auf geringen Speicherplatz-
und Rechenzeitbedarf zu legen. Der angestrebte modulare
Aufbau läßt hier eine gute Segmentierbarkeit der Programme
erwarten. Häufige Segmentwechsel werden infolge der sequentiellen Bearbeitung der Teilaufgaben vermieden. Zur Beschränkung der arbeitsspeicherresidenten Datenmengen ist
außerdem ein Auslagern größerer Dateien auf externe Spei-
cher, z.B. auf Platte, erforderlich.

Eine weitere Forderung ist die Bereitstellung einer problemorientierten Eingabesprache. Sie soll in erster Linie
eine leichte Umsetzung der vorliegenden Steuerungsbeschreibung unter Verwendung symbolischer Variablennamen gestatten
und zusätzlich die Berücksichtigung fertiger Funktionsbausteine vorsehen. Durch eine interaktive Eingabe mit Benutzerführung können in einer Erweiterung die Formulierung

der Steuerungsbeschreibung weiter erleichtert und Syntax-
fehler ausgeschlossen werden. Es ist sinnvoll, diese Eingabeform mit der Einrichtung einer Funktionseinheiten-Biblio-
thek und einer Editorfunktion zu verbinden, um die Wieder-
verwendbarkeit und die leichte Änderbarkeit bereits vorhan-
dener Funktionseinheiten sicherzustellen.

Auf der Grundlage dieser Überlegungen entstand am Institut
für Steuerungstechnik der Werkzeugmaschinen und Fertigungseinrichtungen der Universität Stuttgart das Programmiersystem RENEST zum rechnerunterstützten Entwurf von elektri-
schen Steuerungen /25/. Im Rahmen der vom BMFT geförderten
Arbeiten wurde exemplarisch eine vollständige Programmkette für die Realisierung von Funktionssteuerungen mit
Hilfe einer speicherprogrammierten Steuerung entwickelt.
Die Zusammensetzung dieser Programmkette aus einzelnen Moduln, entsprechend den anfallenden Teilaufgaben des Entwurfs, zeigt Bild 3-6. Auf die den Moduln zugrundeliegenden Algorithmen soll in den nachfolgenden Kapiteln näher
eingegangen werden.

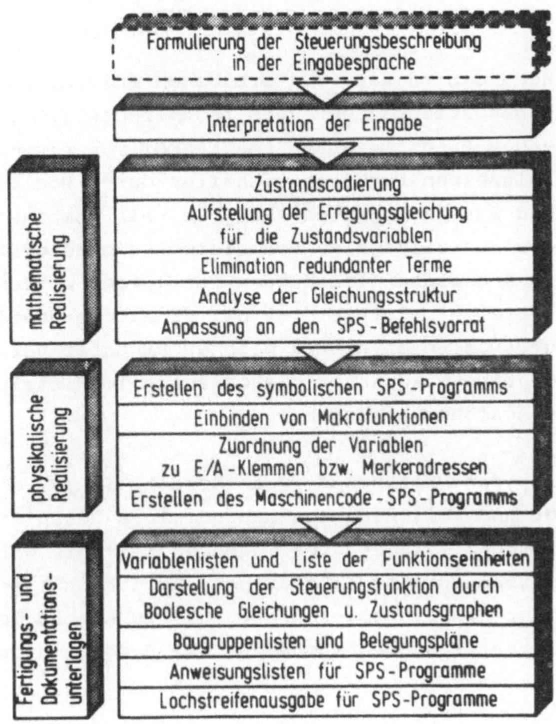

Bild 3-6: Programmkette zum rechnerunterstützten Entwurf bei Verwendung speicherprogrammierter Steuerungen (SPS)

4 Erstellung der Steuerungsbeschreibung

Entsprechend den in Kap. 3.1 erhobenen Anforderungen an die
Steuerungsbeschreibung geht der rechnerunterstützte Entwurf
mit Hilfe des Programmiersystems RENEST von einer Beschreibung der einzelnen Funktionseinheiten durch Boolesche Gleichungen und Zustandsgraphen aus. Für rein kombinatorische
FE kann die Funktionsweise normalerweise ohne größere Probleme durch Boolesche Gleichungen festgelegt werden. Schwierigkeiten treten meistens erst bei FE mit sequentiellem Verhalten auf. Die Beschreibung solcher FE unter Verwendung von
Zustandsgraphen wird daher zwangsläufig im Mittelpunkt der
folgenden Ausführungen stehen.

Das Prinzip des Verfahrens wurde bereits in /9/ oder /26/
aufgezeigt und soll hier nur anhand eines Beispiels kurz erläutert werden. Ziel des vorliegenden Kapitels wird es sein,
hierauf aufbauend eine schematische Vorgehensweise zur Erstellung der Steuerungsbeschreibung, bis hin zu deren Formulierung in der Eingabesprache für das Programmsystem zu entwickeln.

Durch die Ermittlung von Grundstrukturen für den vorliegenden
Anwendungsbereich soll dem Anwender eine Hilfestellung bei
der Auswahl geeigneter Zustandsgraphen für einen Großteil
immer wieder auftretender FE gegeben und gleichzeitig eine
gewisse Standardisierung erreicht werden. Die praxisnahe
Anwendung des Verfahrens erfordert außerdem eine Erweiterung
hinsichtlich der Berücksichtigung übergeordneter Ablaufstrukturen sowie digitaler Aufgabenstellungen.

4.1 Prinzip der Steuerungsbeschreibung mit Hilfe von Zustandsgraphen

Nach der Aufgliederung von Fertigungseinrichtung und Funktionssteuerung in Funktionseinheiten ist es zunächst notwendig, die zu steuernde FE der Fertigungseinrichtung darauf-

hin zu untersuchen, welche Zustände sie annehmen kann und welche Zustandsübergänge prinzipiell möglich sind. Das Ergebnis dieser Untersuchungen läßt sich in anschaulicher Form durch einen Zustandsgraphen darstellen, der die ermittelten Zustände als Knoten und die möglichen Zustandsübergänge als gerichtete Kanten enthält. Bild 4-1 zeigt dies am Beispiel einer bidirektional zwischen zwei Randpositionen bewegbaren FE, beispielsweise einer Vorschubachse oder einer einfachen Transporteinrichtung. Nur die beiden Randlagen seien dabei durch Geber fixiert; alle dazwischen liegenden Schlittenpositionen werden nicht weiter unterschieden und in <u>einem</u> Zustand (V1) zusammengefaßt.

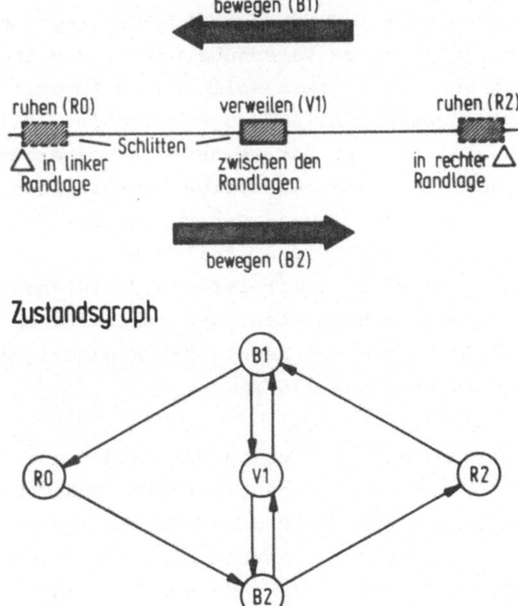

<u>Bild 4-1</u>: Unterscheidbare Zustände und Zustandsgraph einer Vorschubachse oder einer Transporteinrichtung /30/

Der so gefundene Zustandsgraph kann als Modell der anlagenseitigen FE betrachtet werden. Ein wesentliches Kennzeichen
des Verfahrens ist es, dieselbe Zustandsstruktur auch steuerungsseitig durch ein entsprechendes Schaltwerk nachzubil-
den. Der Zustandsgraph ist damit gleichzeitig als Basis
für die Steuerungsbeschreibung verwendbar. Aus der direkten
Nachbildung der anlagenseitigen Zustände in der Steuerung
ergeben sich darüber hinaus für den Betrieb die Vorteile
einer hohen Diagnosefreundlichkeit /27/ und einer einfachen
schrittweisen Inbetriebnahme.

In Abhängigkeit von den auftretenden Signalen, welche als
binäre Variablen beschrieben und mit symbolischen Namen
bezeichnet werden, ist nun das konkrete Verhalten jeder FE
zu bestimmen. Dies geschieht im wesentlichen durch die Festlegung der Bedingungen für die Zustandsübergänge im Zustandsgraphen. Am Beispiel einer Vorschubeinheit, die im Handbetrieb beliebig verfahrbar sein soll und im Automatikbetrieb
gemäß einem vorgegebenen Ablauf zu steuern ist (Bild 4-2),
sei dies verdeutlicht. Ist für keinen der von einem Zustand
wegführenden Übergänge die zugehörige Übergangsbedingung erfüllt, so soll definitionsgemäß der vorhandene Zustand beibehalten werden, ohne daß dieser Fall explizit im Zustandsgraphen beschrieben wird. Damit ist die Vollständigkeit der
Beschreibung automatisch gegeben. Generell sind bei der Auf-
stellung der Bedingungen die Regeln der Eindeutigkeit und
der Stabilität zu beachten /26/.

Die Übergangsbedingungen werden in der Hauptsache von Steuer-
signalen (Betriebsarten und Steuerbefehle) und Gebersignalen
bestimmt. Als Ersatz für Geberrückmeldungen werden häufig
auch Zeitglieder verwendet. Daneben sind die steuerungsin-
ternen Koppelsignale zu berücksichtigen. Sie machen die Ausführung des zugehörigen Zustandsübergangs vom Vorhandensein
eines bestimmten Zustands in einer anderen FE abhängig und
gewährleisten so die gegenseitige Beeinflussung und das Zusammenwirken der verschiedenen FE. Da sie ausschließlich

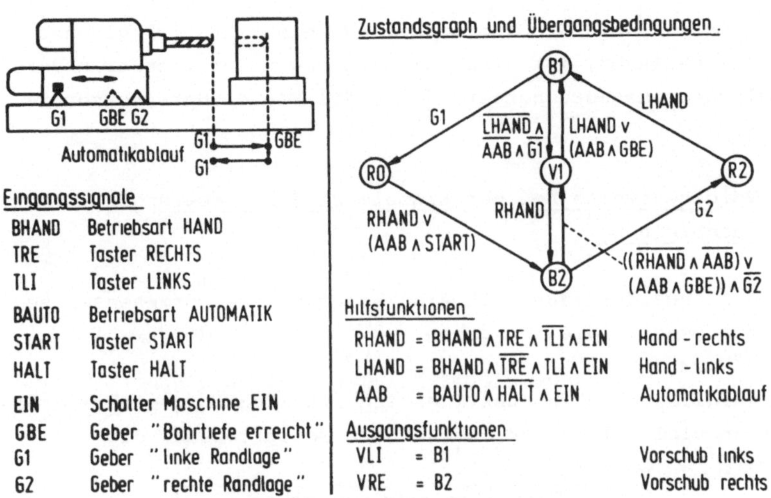

Bild 4-2: Festlegung des Steuerungsverhaltens für eine Vorschubeinheit mit Handbetrieb und Automatikablauf

Zustände repräsentieren, sind sie ihrer Bedeutung nach bereits bekannt, bevor die einzelnen FE vollständig beschrieben sind. Die FE sind somit weitgehend unabhängig voneinander entwerfbar. Aus demselben Grund wird auch meist darauf verzichtet, die Wechselwirkung zwischen den FE, etwa durch Erweiterung der Zustandsgraphen zum Petri-Netz /28, 29/, in die graphische Darstellung mit aufzunehmen. Eine unterschiedliche Behandlung von Koppel- und Eingangssignalen wäre zudem im Hinblick auf die Formulierung in der Eingabesprache des Programmsystems nicht zweckmäßig.

Zusätzlich können Hilfsfunktionen und Merkerfunktionen (zum Speichern kurzfristig anstehender Signale) eingeführt werden. Die Ausgangssignale (Stellsignale für die Stellglieder der Fertigungseinrichtung sowie Meldesignale zur Meldung von Betriebszuständen) werden normalerweise entsprechend der Definition des Mooreautomaten direkt von den Zuständen der FE abgeleitet. Prinzipiell können jedoch auch Eingangssignale berücksichtigt werden. Da die Zustände einer FE sich gegenseitig ausschließen, ist eine Verriegelung untereinander unverträglicher Ausgaben bereits durch die Steuerungsstruktur gegeben.

4.2 <u>Vorgehensweise bei der Erstellung der Steuerungsbeschreibung</u>

Für den Anwender läßt sich eine schematische Vorgehensweise entsprechend Bild 4-3 angeben.

Die Aufgliederung in Funktionseinheiten führt zu einer Zerlegung in viele, leichter übersehbare Teilprobleme, die von-

<u>Bild 4-3</u>: Vorgehensweise bei der Erstellung der Steuerungsbeschreibung /nach 30/

einander unabhängig und zeitlich nacheinander bearbeitbar
sind. Im Hinblick auf die Kopplung der FE hat es sich als
vorteilhaft erwiesen, zunächst für alle FE die unterscheidbaren Zustände und den Zustandsgraphen zu ermitteln. Damit
ist die Struktur der Steuerung vollständig bestimmt.

Das konkrete Steuerungsverhalten ist nun nacheinander für
die einzelnen FE festzulegen. Sind mehrere Betriebsarten zu
berücksichtigen, so bietet es sich an, für jeden Zustands-
übergang die betriebsartspezifische Teilbedingung aufzustel-
len. Die endgültige Übergangsbedingung ergibt sich dann als
disjunktive Verknüpfung dieser Teilbedingungen.

4.3 Hilfen für die Erarbeitung der Steuerungsbeschreibung

4.3.1 Ermittlung von Grundstrukturen für den vorliegenden Anwendungsbereich

Die Ermittlung und Verwendung von Grundstrukturen beim Entwurf von Funktionssteuerungen ist schon seit längerer Zeit
Gegenstand eingehender Untersuchungen. Erfolgt der Entwurf
auf der Basis von Stromlaufplänen oder Funktionsplänen, so
kann die Lösung von Detailproblemen häufig in Anlehnung an
erprobte Grundschaltungen gefunden werden. Sie werden durch
Variation und Erweiterung dem jeweiligen Anwendungsfall an-
gepaßt. Die zur Verfügung stehenden Grundschaltungen sind
jedoch vornehmlich dem Bereich der Verknüpfungssteuerungen
zuzuordnen. Für die komplexere und durch eine Vielfalt von
Lösungsvarianten gekennzeichnete Ablaufsteuerung stehen dagegen solche problemorientierten Musterlösungen bislang noch
nicht zur Verfügung.

Das aufgezeigte Verfahren bietet nun die Möglichkeit, auf
der Basis einer realisierungsunabhängigen Steuerungsbeschreibung solche Grundstrukturen für den Bereich der Ablaufsteuerungen - im besonderen der Freifolgesteuerungen -
zu finden. Von maßgeblicher Bedeutung ist dabei, daß die

Struktur der Zustandsgraphen bereits durch die Konstruktion
der anlagenseitigen FE vollständig bestimmt ist. Diese Zustandsgraphen sind gerade soweit spezialisiert, daß sie vielen FE mit ähnlicher Funktion noch gemeinsam sind, also als
Grundstrukturen gelten können. Das - meist unterschiedliche -
Verhalten der FE und damit die Anpassung an den bestimmten
Anwendungsfall wird dagegen erst mit der Ergänzung der Zustandsgraphen um Übergangsbedingungen und Ausgangsfunktionen
festgelegt.

Nach /9/ können energetisch bestimmte und lagebestimmte FE
unterschieden werden. Energetisch bestimmte FE sind dadurch
gekennzeichnet, daß sie nach Ausbleiben der Energiezufuhr genau einen stabilen Zustand, nämlich den des niedrigsten Energieniveaus, annehmen. Exemplarisch sei eine FE zum Heben einer
Werkstückpalette (Bild 4-4) betrachtet. T2 und S2 sind Zustände mit Energiezufuhr. Bei Wegfall der Energiezufuhr stellt
sich durch das Gewicht der Palette immer der Zustand S0 ein.

Lagebestimmte FE besitzen auch ohne Energiezufuhr beliebig
viele stabile Lagen. Das bereits erläuterte Beispiel der Vor-

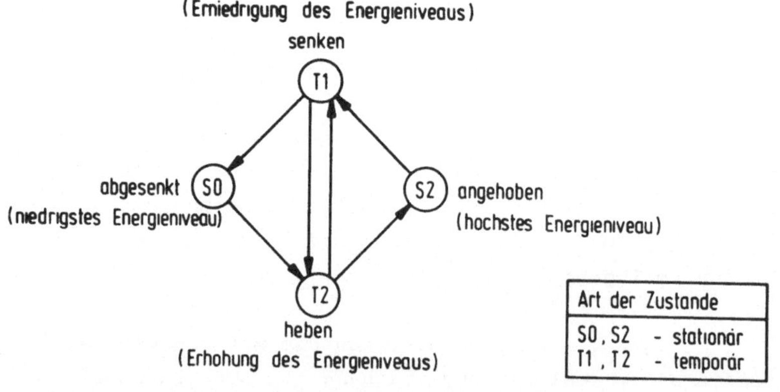

Bild 4-4: Energetisch bestimmte Funktionseinheit
          mit zwei Energieniveaus

schubachse (Bild 4-1) ist als translatorische, lagebestimmte
FE einzuordnen. Dagegen werden FE mit kreisförmig geschlosse-
nen Bewegungsabläufen, wie Rundtische oder Werkzeugmagazine,
als rotatorisch bezeichnet.

4.3.2 Katalogisierung von Zustandsgraphen

Untersuchungen an ausgeführten Werkzeugmaschinen bzw. Fertigungseinrichtungen ergaben einen großen Anteil immer wieder
in gleicher oder zumindest ähnlicher Form anzutreffender FE.
Entsprechend weisen die zur Beschreibung dieser FE notwendigen Zustandsgraphen regelmäßige Strukturen auf. Bei einer
Beschränkung auf den genannten Anwendungsbereich liegt es
daher nahe, die auftretenden Zustandsgraphen in einem Katalog zusammenzustellen /30, 31/, um dem Anwender die Suche
nach dem geeigneten Zustandsgraphen zu erleichtern. Die Orientierung an diesem Katalog führt gleichzeitig zu einer
Standardisierung der FE und ermöglicht so eine schnellere
Abwicklung des Entwurfs. Die Bilder 4-5 und 4-6 zeigen einige der katalogisierten Zustandsgraphen und geben typische
Anwendungsbeispiele an.

Strukturverwandte Zustandsgraphen sind dabei zu Graphentypen zusammengefaßt. Kennzeichnend für jeden Typ ist die
(kräftig gezeichnete) Grund- oder Einheitszelle. Durch die
angedeutete Aneinanderreihung mehrerer solcher Einheitszellen entstehen weitere, demselben Graphentyp zugehörige Zustandsgraphen. Die Anzahl der benötigten Einheitszellen rich-
tet sich nach den durch Geber unterscheidbaren Energieniveaus
bzw. Lagebereichen. Jeder Typ trägt eine bestimmte Bezeichnung, die zusammen mit der Einheitszellenzahl den gewählten
Zustandsgraphen genau bestimmt.

Zustandsgraphen für energetisch bestimmte FE unterscheiden
sich im wesentlichen darin, ob und welche temporären Zustände der Erhöhung bzw. Erniedrigung des Energieniveaus steuerungsseitig zu berücksichtigen sind. Dies hängt vom Vorhanden-

Typ	Struktur des Zustandsgraphen	Anwendungsfalle
GEL	 S0 — S2 — S4 …	z B • Ein-/Ausschalten von Antrieben, Bremsen usw • stufenweises Hochschalten von Antrieben, Getrieben usw wenn temporare Ubergangszustande (Anderung des Energieniveaus) nicht zu berucksichtigen sind
GEZ	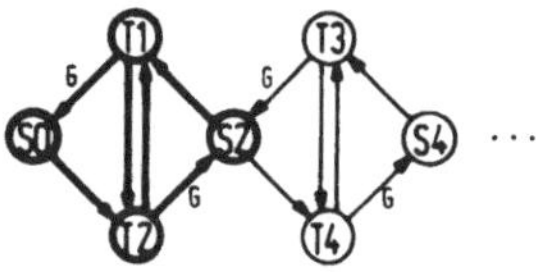 T1, T3; S0, S2, S4; T2, T4 (G) …	z.B • Spanneinrichtung • Indexiereinrichtung • Hubeinrichtung wenn zwischen den stationaren Energieniveaus temporare Ubergangs-zustande zu berucksichtigen sind
⋮	⋮	⋮
GEBA	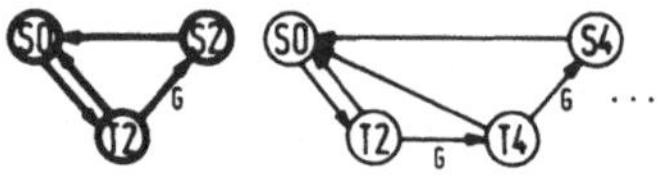 S0, S2, T2 (G); S0, S4, T2, T4 (G) …	z B • Spanneinrichtung • Klemmvorrichtung • Hydraulikaggregat (Hochlauf von Temperatur, Volumen, Druck) wenn temporare Ubergangszustande nur beim Einschaltvorgang zu berucksichtigen sind (Ausschalten vereinfacht)

S_i - stationare Zustande (Energieniveaus) T_i - temporare Zustande (Energieniveaus)
 i gerade   Erhohung des Energieniveaus
G - durch Geber bestimmte Ubergange   i ungerade   Erniedrigung des Energieniveaus

Bild 4-5: Zustandsgraphen für energetisch bestimmte Funktionseinheiten

sein entsprechender Geber (ersatzweise auch Zeitglieder) ab, die das Erreichen eines bestimmten Energieniveaus an die Steuerung rückmelden. Die durch Geber bestimmten Übergänge sind im Bild besonders gekennzeichnet. Der für das Beispiel der Hubeinrichtung (Bild 4-4) hergeleitete Zustandsgraph entspricht dem Graphentyp GEZ bei Verwendung einer Einheitszelle.

Die Graphen für translatorisch lagebestimmte FE kommen hauptsächlich bei Achsen oder Transporteinrichtungen zur Anwendung. Rotatorische FE unterscheiden sich von den translatorischen durch die Geschlossenheit des Bewegungsablaufs. Die zugehörigen Graphen lassen sich leicht aus den translatori-

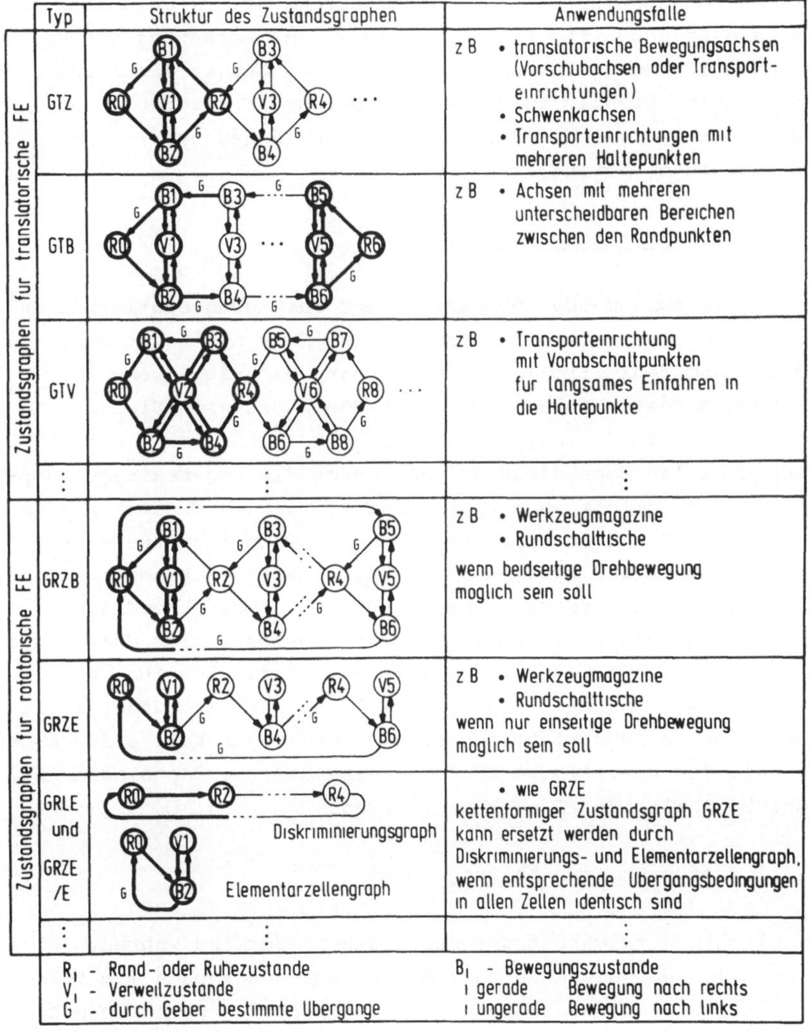

Typ	Struktur des Zustandsgraphen	Anwendungsfälle
Zustandsgraphen für translatorische FE		
GTZ		z B • translatorische Bewegungsachsen (Vorschubachsen oder Transporteinrichtungen) • Schwenkachsen • Transporteinrichtungen mit mehreren Haltepunkten
GTB		z B • Achsen mit mehreren unterscheidbaren Bereichen zwischen den Randpunkten
GTV		z B • Transporteinrichtung mit Vorabschaltpunkten für langsames Einfahren in die Haltepunkte
⋮	⋮	⋮
Zustandsgraphen für rotatorische FE		
GRZB		z B • Werkzeugmagazine • Rundschalttische wenn beidseitige Drehbewegung möglich sein soll
GRZE		z B • Werkzeugmagazine • Rundschalttische wenn nur einseitige Drehbewegung möglich sein soll
GRLE und GRZE /E	Diskriminierungsgraph / Elementarzellengraph	• wie GRZE kettenförmiger Zustandsgraph GRZE kann ersetzt werden durch Diskriminierungs- und Elementarzellengraph, wenn entsprechende Übergangsbedingungen in allen Zellen identisch sind
⋮	⋮	⋮

R_i - Rand- oder Ruhezustände V_i - Verweilzustände G - durch Geber bestimmte Übergänge	B_i - Bewegungszustände i gerade Bewegung nach rechts i ungerade Bewegung nach links

Bild 4-6: Zustandsgraphen für lagebestimmte Funktionseinheiten

schen Graphentypen ableiten, wenn man den rechten und den
linken Randzustand als identisch betrachtet. Im Gegensatz zu
translatorischen FE, bei denen immer eine Umkehrung der Bewegungsrichtung erforderlich ist, reicht bei rotatorischen
FE oft eine Drehrichtung aus. Für solche FE ergeben sich
durch den Wegfall der Zustände für eine Bewegungsrichtung
vereinfachte Zustandsgraphen.

4.4 Berücksichtigung von Abläufen

Durch die zunehmende Komplexität der Fertigungseinrichtungen
und die gleichzeitige Forderung nach einer möglichst komfor-
tablen und fehlerfreien Bedienbarkeit der Anlage kommt der
Steuerung fester Ablaufzyklen, an denen oft eine Vielzahl
von FE beteiligt sind, immer größere Bedeutung zu. In einfachen Fällen kann diese Aufgabe durch die gegenseitige Kopplung der FE gelöst werden, indem z.B. mit dem Erreichen eines
bestimmten Zustands in einer FE automatisch eine Zustands-
änderung in einer zweiten FE ausgelöst wird. Schwierigkeiten
ergeben sich allerdings, wenn eine FE in unterschiedlichen
Phasen des Ablaufs mehrmals dieselbe Zustandsfolge durchlaufen soll, oder wenn verschiedene Abläufe dieselbe Zustandsfolge innerhalb einer FE verlangen. Es ist daher meist
einfacher und übersichtlicher, wie bereits in Kap. 2.3.2 angedeutet, die beteiligten FE durch eine übergeordnete, den Ablauf beinhaltende FE zu koordinieren.

4.4.1 Einführung von Ablaufgraphen

Um die Einheitlichkeit der Beschreibungsform zu wahren, ist es
sinnvoll, auch diese Abläufe durch Zustandsgraphen (im folgenden auch als Ablaufgraphen bezeichnet) darzustellen. Die Zustände sind dabei als Schritte zu interpretieren.

Die Kopplung von FE durch einen übergeordneten Ablaufgraphen
sei in Bild 4-7 am Beispiel einer einfachen, aus drei Funktionseinheiten (X-Achse, Z-Achse und Spanneinheit) bestehen-

den Fertigungseinrichtung demonstriert. Diese FE werden in der bisher gezeigten Weise durch Zustandsgraphen beschrieben. Im Automatikbetrieb sollen sie entsprechend dem vorgegebenen Arbeitsablauf zusammenwirken.

Die Phasen des Ablaufs werden im Ablaufgraphen durch die Schritte AS1 bis AS7 nachgebildet. Ausgehend von der Grund-

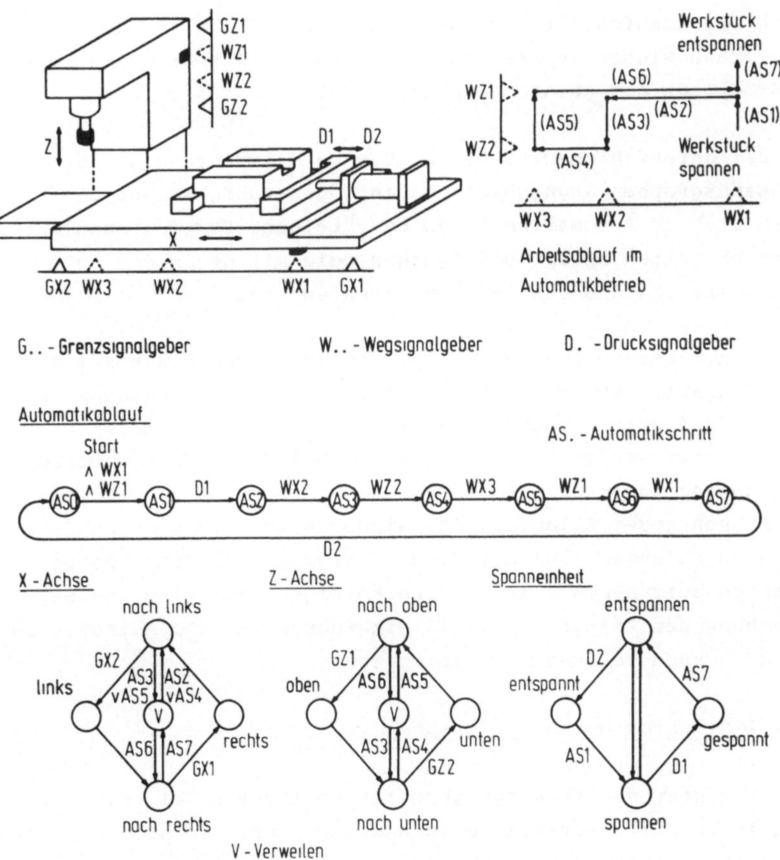

Bild 4-7: Beispiel für die Kopplung mehrerer Funktionseinheiten über einen Ablaufgraphen

stellung AS0 kann der Automatikablauf (vorausgesetzt, die Fertigungseinrichtung befindet sich in der durch die Geber WX1 und WZ1 bestimmten Ausgangsposition) gestartet werden. In Abhängigkeit von den Ablaufschritten werden nun in den drei FE die gewünschten Aktionen ausgelöst (z.B. das Spannen des Werkstücks im Schritt AS1). Signalgeber melden die erfolgreiche Ausführung der Aktion (z.B. D1: "Werkstück gespannt") und bewirken das Weiterschalten zum nächsten Schritt. Nach Durchlaufen der vorgesehenen Schrittfolge muß der Ablaufgraph wieder in die Grundstellung (AS0) gebracht werden, von der aus der Ablauf jederzeit erneut startbar ist.

Es sei darauf hingewiesen, daß die an den Übergängen der Zustandsgraphen angegebenen Bedingungen zunächst nur das Verhalten im Automatikbetrieb beschreiben. Für den Handbetrieb gelten andere Bedingungen, die mit denen des Automatikbetriebs disjunktiv zu verknüpfen sind.

Bei einer Unterbrechung des Ablaufs (z.B. durch Wechsel der Betriebsart) kann meist nicht davon ausgegangen werden, daß der Ablauf später ordnungsgemäß mit dem nächsten Schritt fortgesetzt werden kann. Anders wie bei den bisher betrachteten Zustandsgraphen muß es daher bei Ablaufgraphen möglich sein, von jedem Ablaufschritt wieder direkt in die Grundstellung zu gelangen. Anstatt diese Übergänge alle einzeln in den Graphen aufzunehmen, ist es zweckmäßiger, bei einer Unterbrechung des Ablaufs implizit ein Rücksetzen des Ablaufgraphen in die Grundstellung zu vereinbaren.

4.4.2 Struktur der Ablaufgraphen

Die Struktur von Ablaufgraphen ist vollkommen beliebig. Geradlinige und unverzweigte (einkettige) Abläufe sind nur für einfache Probleme ausreichend, kompliziertere, mehrkettige Strukturen die Regel. Jedoch lassen sich auch diese auf einfache Ketten zurückführen, in die sich der Ablauf verzweigt oder aufspaltet (Bild 4-8).

Beim Ablauf mit Verzweigung und Zusammenführung wird stets
nur einer von mehreren Zweigen durchlaufen. Die Auswahl geschieht über die Übergangsbedingungen K_{21} ... K_{2i}, die sich
aufgrund der Eindeutigkeitsbedingung gegenseitig ausschließen.

Der Ablauf mit Aufspaltung und Sammlung erfordert dagegen
die gleichzeitige Abarbeitung der parallelen Ketten. Da definitionsgemäß innerhalb eines Zustandsgraphen zu jeder Zeit
nur ein Zustand eingenommen werden darf, ist es notwendig,
für diese Teilabläufe eigene Graphen einzuführen und diese
über Koppelsignale mit der Hauptkette zu verbinden. Bild 4-8
zeigt dies unter Verwendung der bei Petri-Netzen geläufigen
Darstellungsform. Die Übergänge zu den Schritten 2.1 ... 2.i
werden dabei vom Vorhandensein des Schrittes 1 in der Hauptkette abhängig gemacht. Dieser bleibt erhalten, bis alle
Teilabläufe durchlaufen und die Schritte u.1 ... w.i erreicht
sind. Erst dann kann in der Hauptkette der Übergang zwischen
den Schritten 1 und q ausgeführt werden.

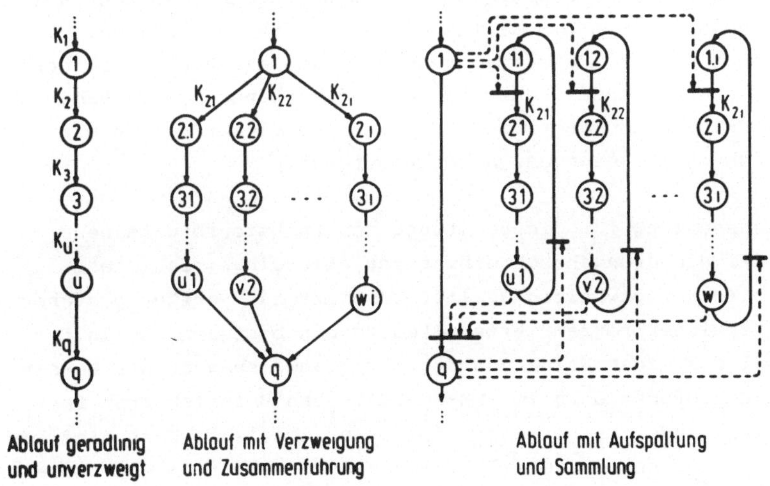

Bild 4-8: Grundstrukturen für die Darstellung
von Abläufen mit Ablaufgraphen

4.5 Berücksichtigung digitaler Aufgabenstellungen

Das aufgezeigte Beschreibungsverfahren eignet sich anforde-
rungsgemäß vornehmlich zur Darstellung binärer Signale und
Funktionen. Mit der Übertragung komplexerer Steuerungsaufgaben an die Funktionssteuerung kamen jedoch schon bei verbindungsprogrammierten Steuerungen für bestimmte Teilaufgaben (z.B. Zähl- und Vergleichsaufgaben, Codewandlungen, Pari-
tätskontrollen oder gar einfache arithmetische Aufgaben) fertige Funktionsbausteine aus dem digitalen Bereich zum Einsatz.
Auch bei speicherprogrammierten Steuerungen werden in Zusammenhang mit dem Einsatz von Mikroprozessoren verstärkt wortverarbeitende Operationen angeboten, denen vorstellungsmäßig
dieselben Funktionsbausteine zugrundeliegen. Um auch solche
Funktionen im Rahmen der Steuerungsbeschreibung berücksichtigen zu können, ist eine Erweiterung notwendig.

Geht man davon aus, daß die erwähnten Funktionsbausteine
bereits anwendungsfertig zur Verfügung stehen, so kann auf
die detaillierte Darstellung ihres binären Aufbaus verzichtet werden. Es ist ausreichend, sie als Funktionsblöcke
mit entsprechender Bezeichnung in die Steuerungsbeschreibung
aufzunehmen und den Ein- und Ausgängen dieser Blöcke die gewünschten Steuerungssignale zuzuordnen.

Voraussetzung für die Benutzung von Funktionsbausteinen
in der Steuerungsbeschreibung ist allerdings, daß diese
auch in der gewählten Realisierungsart zur Verfügung stehen.
Bei speicherprogrammierten Steuerungen bestehen sie in der
Regel aus einer Folge von Steuerungsanweisungen. Sie werden
als Makrofunktionen im SPS-spezifischen Befehlsvorrat formuliert und in einer Makrobibliothek abgelegt. Dort sind sie
unter dem ihnen zugeteilten Namen abrufbar. Ein- und Ausgangssignale sind als formale Parameter enthalten und können bei
jedem Aufruf durch die in der Steuerungsbeschreibung angegebenen aktuellen Signalnamen ersetzt werden.

4.6 Formulierung der Steuerungsbeschreibung in der Eingabesprache

Die ermittelte Steuerungsbeschreibung stellt die Eingabeinformation für das entwickelte Programmiersystem dar und
ist in der bereitgestellten problemorientierten und format-
freien Eingabesprache /30/ zu formulieren. Die Namen der auftretenden Funktionseinheiten und Steuerungssignale können
dabei frei vereinbart werden.

Für jede FE wird ein Datensatz erstellt, dessen prinzi-
pieller Aufbau und Informationsgehalt anhand eines Einga-
bebeispiels für die in Bild 4-2 vorgestellte Vorschubeinheit erläutert ist (Bild 4-9). Als Kopfinformation sind der
Name der FE sowie Angaben zur Struktur unbedingt erforderlich. Durch Angaben zur Initialisierung kann zusätzlich bestimmt werden, welchen Zustand die FE beim Einschalten annehmen soll. Daran anschließend werden in entsprechenden
Listen die in der Steuerungsbeschreibung enthaltenen Übergangsbedingungen, Merkerfunktionen, Hilfsfunktionen und
Ausgangsfunktionen in Form Boolescher Ausdrücke bzw. Gleichungen beschrieben. Sofern Zeitglieder oder Funktionsbausteine verwendet wurden, sind in weiteren Listen die notwendigen Angaben hierzu zu machen.

Für die Beschreibung der Struktur des Zustandsgraphen sind
zwei Fälle zu unterscheiden. Bei Verwendung der katalogisierten Zustandsgraphen wird sie durch Angabe des gewählten Graphentyps (Sprachwort QGTZ) und der Einheitszellenzahl bereits festgelegt. Die Übergangsbedingungen sind nun
einfach in der Reihenfolge der im Katalog vorgegebenen
Numerierung der Übergänge aufzulisten. Das Eingabebeispiel
verdeutlicht diese Art der Eingabe.

Für beliebige (nicht katalogisierte) Zustandsgraphen
(Sprachwort QGRAPH), wie sie z.B. zur Darstellung von
Abläufen benötigt werden, muß die Zustandsstruktur dagegen

implizit im Zusammenhang mit den Übergangsbedingungen beschrieben werden. Sämtliche auftretenden Übergangsbedingungen
(K_i) sind dazu unter Nennung des jeweiligen Anfangs- und End-
zustandes   (s_A bzw. s_E)   in der Form

$$(s_A, \; s_E) = K_i$$

anzugeben, wobei die Namen der Zustände frei definiert werden.

Die vorhandene Eingabesprache ermöglicht eine alphanumeri-
sche Eingabe über Lochkarten oder am Bildschirm. Bei Bild-
schirmeingabe kann die Umsetzung der Steuerungsbeschreibung
in die Eingabesprache zusätzlich durch eine Benutzerführung
erleichtert werden. Bibliotheks- und Editierfunktionen erweitern diese Eingabeform.

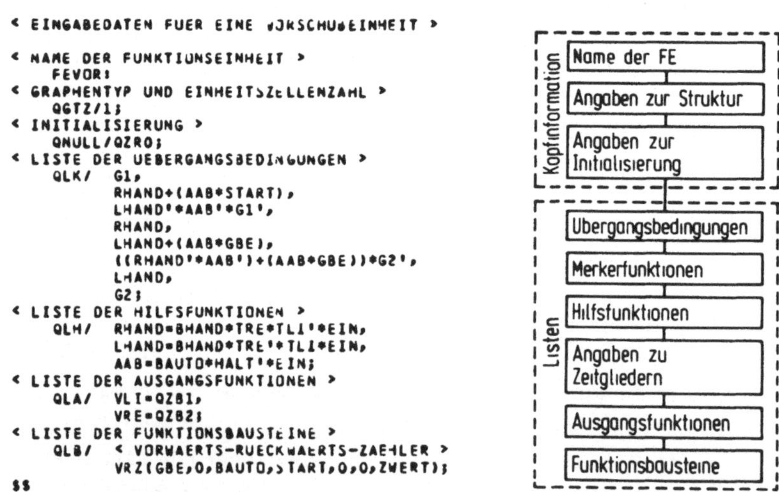


```
< EINGABEDATEN FUER EINE WJKSCHUWEINHEIT >

< NAME DER FUNKTIONSEINHEIT >
     FEVOR;
< GRAPHENTYP UND EINHEITSZELLENZAHL >
     QGTZ/1;
< INITIALISIERUNG >
     QNULL/QZRO;
< LISTE DER UEBERGANGSBEDINGUNGEN >
     QLK/    G1,
             RHAND+(AAB*START),
             LHAND'*AAB'*G1',
             RHAND,
             LHAND+(AAB*GBE),
             ((RHAND'*AAB')+(AAB*GBE))*G2',
             LHAND,
             G2;
< LISTE DER HILFSFUNKTIONEN >
     QLH/    RHAND=BHAND*TRE*TLI'*EIN,
             LHAND=BHAND*TRE'*TLI*EIN,
             AAB=BAUTO*HALT'*EIN;
< LISTE DER AUSGANGSFUNKTIONEN >
     QLA/    VLI=QZB1,
             VRE=QZB2;
< LISTE DER FUNKTIONSBAUSTEINE >
     QLB/    < VORWAERTS-RUECKWAERTS-ZAEHLER >
             VRZ(GBE,0,BAUTO,START,0,0,ZWERT));
$$
```

<u>Bild 4-9</u>: Eingabebeispiel zum Programmiersystem RENEST
Anmerkung:
Da die genormten Verknüpfungszeichen bei DV-Anlagen teilweise nicht zur Verfügung stehen, werden in der Eingabesprache
die Zeichen * für UND, + für ODER und ' für Negation verwendet.

5 Berechnung des Schaltwerks

Ausgehend von der eingegebenen Steuerungsbeschreibung ist nun
in einer ersten, weitgehend von der Art der Steuerungsrealisierung unabhängigen Verarbeitungsphase (s.a. Bild 3-6) die
mathematische Realisierung der Steuerung vorzunehmen. Zen-
trale Aufgabe dieses Arbeitsabschnittes ist es, die durch
Zustandsgraphen beschriebenen FE in binäre Schaltwerke umzusetzen und die Schaltwerkslogik vollständig durch Boolesche Gleichungen zu bestimmen. Der Wahl einer geeigneten
Zustandscodierung kommt dabei eine nicht geringe Bedeutung
zu.

Daneben umfaßt die mathematische Realisierung eine Reihe
weiterer Teilaufgaben, die im übrigen in gleicher Weise auch
für rein kombinatorische FE anfallen. Die Überarbeitung der
Gleichungen im Hinblick auf eine Elimination redundanter
Terme gehört dazu. Im Rahmen dieser Arbeit soll darauf jedoch nicht näher eingegangen werden. Die Analyse der Gleichungsstruktur sowie deren Anpassung an den SPS-Befehlsvorrat
stehen in engem Zusammenhang mit der Erstellung der SPS-Programme und sollen daher erst in Kap. 6 behandelt werden.

5.1 Mathematische Beschreibung des Schaltwerks

Das in Bild 2-6b gezeigte Schaltwerksmodell enthält zwei
kombinatorische Funktionsblöcke f und g. Die Übergangsfunk-
tion f bestimmt für jede mögliche Kombination von $\underline{s}$ und $\underline{x}$,
ob der durch $\underline{s}$ repräsentierte gegenwärtige Zustand beibehalten werden soll, oder ob das Schaltwerk in einen neuen Zustand übergehen soll. Dies kann formal als Rekursion

$$\underline{s} := f (\underline{s} , \underline{x}) \tag{5.1}$$

oder unter Angabe des Betrachtungszeitpunktes t für die
einzelnen Variablen durch

$$\underline{s}^{t+1} = f (\underline{s}^{t}, \underline{x}^{t}) \tag{5.2}$$

beschrieben werden. Die Vektorgleichung (5.1) steht dabei
für ein Gleichungssystem

$$s_0 \quad := f_0 \quad (s_0, \ s_1, \ \ldots, \ s_{k-1}; \ x_0, \ x_1, \ \ldots, \ x_{n-1})$$

$$\vdots \tag{5.3}$$

$$s_{k-1} := f_{k-1} \quad (s_0, \ s_1, \ \ldots, \ s_{k-1}; \ x_0, \ x_1, \ \ldots, \ x_{n-1})$$

Die Ausgangsfunktion g ordnet den Ausgangsvariablen des
Vektors $\underline{y}$ in Abhängigkeit von $\underline{s}$ und eventuell von $\underline{x}$ bestimmte Werte zu. Entsprechend den nach Moore bzw. Mealy
benannten Automatenmodellen gelten die Vektorgleichungen

$$\underline{y} = g \ (\underline{s}) \tag{5.4}$$

oder

$$\underline{y} = g \ (\underline{s}, \ \underline{x}) \tag{5.5}$$

Auf die Angabe des Betrachtungszeitpunkts kann hier
verzichtet werden, wenn g rein kombinatorisch ist.

5.2 Ermittlung der Übergangsfunktion

Das durch die Zustandsgraphen spezifizierte sequentielle
Verhalten von Funktionseinheiten mit Ablaufstruktur ist
damit entsprechend Gl. (5.1) bzw. Gl. (5.3) durch ein System Boolescher Gleichungen beschreibbar. Die Umsetzung
des Zustandsgraphen in ein solches Gleichungssystem ist
gleichbedeutend mit der Ermittlung der Übergangsfunktion
f des Schaltwerks.

Hierzu ist es zweckmäßig, den Zustandsgraphen zunächst in
eine Übergangsmatrix /10, 32/ überzuführen (Bild 5-1).
Die Elemente f_{ij} dieser Matrix geben an, unter welcher
Bedingung ein Übergang vom gegenwärtigen Zustand s_i zu
einem Folgezustand s_j ausgeführt werden soll. Sie sind
Funktionen des Eingangsvektors $\underline{x}$. Existiert kein Übergang zwischen zwei Zuständen s_i und s_j, so ist f_{ij} identisch 0 einzutragen.

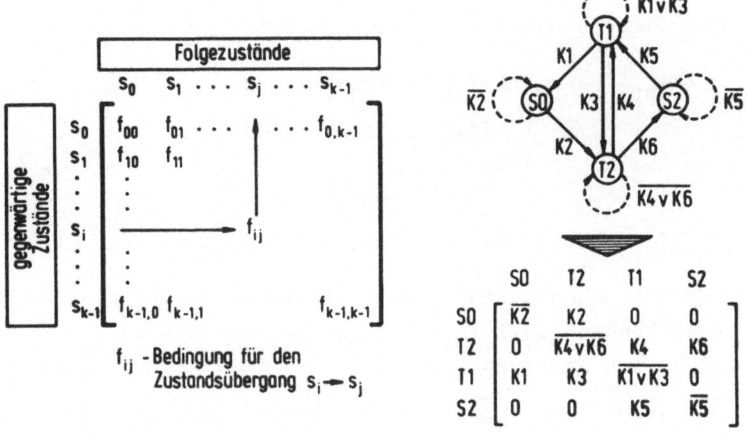

Bild 5-1: Definition der Übergangsmatrix und Herleitung
für ein Beispiel

Die Diagonalelemente f_{ii} der Übergangsmatrix sind geson-
dert zu betrachten. Sie beinhalten die Bedingung, unter der
das Schaltwerk im gegenwärtigen Zustand s_i bleiben soll. In
der hier verwendeten Form des Zustandsgraphen wurde darauf
verzichtet, diese Bedingungen explizit anzugeben. Sie lassen sich aufgrund der Vereinbarung, jeden Zustand solange
beizubehalten, bis für einen der wegführenden Übergänge
die zugehörige Übergangsbedingung erfüllt wird (wie das
Beispiel in Bild 5-1 zeigt), in einfacher Weise ergänzen
(gestrichelt gezeichnete Übergänge im Zustandsgraphen).
Allgemein ergeben sich die Diagonalelemente der Matrix
als negierte Disjunktion sämtlicher von s_i wegführenden
Übergangsbedingungen, d.h. also der übrigen Elemente
einer Matrixzeile, nach der Gleichung

$$f_{ii} = \overline{\bigvee_{\substack{j=0\ldots k-1 \\ j \neq i}} f_{ij}} \quad . \tag{5.6}$$

Unter Verwendung der Übergangsmatrix lassen sich die
folgenden Gleichungen für die Folgezustände aufstellen:

$$s_0 := (f_{00} \land s_0) \lor (f_{10} \land s_1) \lor \ldots \lor (f_{k-1,0} \land s_{k-1})$$
$$s_1 := (f_{01} \land s_0) \lor (f_{11} \land s_1) \lor \ldots \lor (f_{k-1,1} \land s_{k-1})$$
$$\vdots \qquad\qquad\qquad\qquad\qquad\qquad\qquad\qquad (5.7)$$
$$s_{k-1} := (f_{0,k-1} \land s_0) \lor (f_{1,k-1} \land s_1) \lor \ldots \lor (f_{k-1,k-1} \land s_{k-1})$$

Um dieses Gleichungssystem formal als Vektorfunktion darstellen zu können, soll in Anlehnung an /10/ die Verknüpfung zweier Matrizen

$$\underline{U} = \begin{bmatrix} u_{11} & u_{12} & \cdots & u_{1s} \\ u_{21} & u_{22} & & \\ \cdot & & & \\ \cdot & & & \\ \cdot & & & \\ u_{r1} & u_{r2} & & u_{rs} \end{bmatrix} \quad \text{und} \quad \underline{V} = \begin{bmatrix} v_{11} & v_{12} & \cdots & v_{1t} \\ v_{21} & v_{22} & & \\ \cdot & & & \\ \cdot & & & \\ \cdot & & & \\ v_{s1} & v_{s2} & & v_{st} \end{bmatrix}$$

durch eine Matrixoperation

$$\underline{U} \;\square\; \circ \;\underline{V}$$

definiert werden. (Die Symbole $\square$ und $\circ$ stehen stellvertre-
tend für beliebige Boolesche Verknüpfungszeichen.) Analog
zur Matrizen-Multiplikation in der linearen Algebra ergibt
sich durch diese Verknüpfung eine neue Matrix

$$\underline{W} = \begin{bmatrix} w_{11} & w_{12} & \cdots & w_{1t} \\ w_{21} & w_{22} & & \\ \cdot & & & \\ \cdot & & & \\ \cdot & & & \\ w_{r1} & w_{r2} & & w_{rt} \end{bmatrix}$$

mit $w_{ij} = (u_{i1} \circ v_{1j}) \;\square\; (u_{i2} \circ v_{2j}) \;\square\; \ldots \;\square\; (u_{is} \circ v_{sj})$.

$\underline{U}$ kann dabei auch aus einer Zeile bestehen (Zeilenvektor),
ebenso $\underline{V}$ aus einer Spalte (Spaltenvektor).

Unter Zuhilfenahme dieser Formalismen kann nun das Gleichungssystem (5.7) auch wie folgt geschrieben werden:

$$\underline{s} := \underline{s} \vee \wedge \underline{F} \qquad\qquad (5.8)$$

wobei $\underline{F}$ die hergeleitete Übergangsmatrix darstellt.

5.3 Zustandscodierung

Die binäre Struktur des Schaltwerks, d.h. sein Aufbau aus binären Speicher- und Verknüpfungsgliedern, hängt sehr stark von der Codierung der Schaltwerkszustände ab. Jedem Zustand s_i wird dabei entsprechend der in Bild 5-2 gezeigten Zuordnungstabelle eine bestimmte Wertekombination (Codezeichen) der Zustandsvariablen z_0, z_1, ..., z_{1-1} zugeordnet. Sie repräsentieren die Speicherglieder des zu entwerfenden Schaltwerks. Die Konstante $c_{jh} \in \{0,L\}$ gibt den Wert an, den die Zustandsvariable z_h annehmen soll, wenn das Schaltwerk sich im Zustand s_j befindet. Die Zustände s_j $(0 \leqq j \leqq k-1)$ ergeben sich demnach als Minterme

$$s_j = (z_0 \leftrightarrow c_{j0}) \wedge (z_1 \leftrightarrow c_{j1}) \wedge \ldots \wedge (z_{1-1} \leftrightarrow c_{j,1-1}) \qquad (5.9)$$

mit

$$(z_0 \leftrightarrow c_{j0}) = \begin{cases} z_0 & \text{für } c_{j0} = L \\ \overline{z}_0 & \text{für } c_{j0} = 0 \quad \text{usw.} \end{cases}$$

Bei 1 Zustandsvariablen lassen sich 2^1 verschiedene Codezeichen bilden, also maximal 2^1 Zustände eindeutig codieren. Bei vorgegebener Zustandszahl k eines Graphen ergibt sich für die Anzahl der benötigten Zustandsvariablen

$$1 \geqq \log_2 k \; .$$

Führt man auch für die Zustandsvariablen einen Vektor

$$\underline{z} = (z_0, z_1, \ldots, z_{1-1})$$

ein, so läßt sich die Zustandscodierung unter Verwendung der transponierten Codiermatrix $\underline{C}$ durch die Vektorfunktionen

$$\underline{s} = \underline{z} \wedge \leftrightarrow \underline{c}^T \quad (5.10) \qquad \text{bzw.} \qquad \underline{z} = \underline{s} \vee \wedge \underline{C} \qquad (5.11)$$

Zuordnungstabelle   **Codiermatrix**

Zustand	Codezeichen		
s_0	c_{00}	$c_{01} \quad \cdots$	$c_{0,l-1}$
s_1	c_{10}	c_{11}	$c_{1,l-1}$
$\vdots$	$\vdots$		
s_j	c_{j0}	c_{j1}	$c_{j,l-1}$
$\vdots$	$\vdots$		
s_{k-1}	$c_{k-1,0}$	$c_{k-1,1}$	$c_{k-1,l-1}$

$$\underline{C} = \begin{bmatrix} c_{00} & c_{01} & \cdots & c_{0,l-1} \\ c_{10} & c_{11} & & \\ \vdots & & & \\ c_{k-1,0} & c_{k-1,1} & & c_{k-1,l-1} \end{bmatrix}$$

$$z_0 \quad z_1 \quad \cdots \quad z_{l-1} \qquad \text{mit } c_{jh} \in \{0,L\}$$

Bild 5-2: Zuordnungstabelle und Codiermatrix

beschreiben. Damit kann die Gl. (5.8) auf die folgende Form
gebracht werden (Erweiterung auf beiden Seiten mit $\vee \wedge \underline{C}$):

$$\underline{z} := \underbrace{(\underline{z} \wedge \longleftrightarrow \underline{C}^T)}_{\underline{s}} \vee \wedge \underline{F} \vee \wedge \underline{C} \tag{5.12}$$

Dies entspricht einer Überführung des Gleichungssystems
(5.3) in ein Gleichungssystem

$$z_0 := f_0'\,(z_0, z_1, \ldots, z_{l-1};\ x_0, x_1, \ldots, x_{n-1})$$
$$\vdots \tag{5.13}$$
$$z_{l-1} := f_{l-1}'\,(z_0, z_1, \ldots, z_{l-1};\ x_0, x_1, \ldots, x_{n-1})$$

und somit der Umsetzung der Zustandsgraphendarstellung in
die binäre Schaltwerksbeschreibung.

Für die Auswahl der geeigneten Codierung sind unterschiedliche, teilweise sich widersprechende Kriterien zu berücksichtigen. Einerseits soll der zur Realisierung der Gl.(5.13) erfor-
derliche Aufwand an Verknüpfungs- und Speichergliedern möglichst gering gehalten werden. Andererseits wird insbesondere

bei speicherprogrammierten Steuerungen das leichte Verständnis des Schaltwerks höher bewertet als die Minimierung. Daneben können bei asynchronen Schaltwerken durch ungünstige Codierungen Wettläufe auftreten, die ein fehlerhaftes Verhalten der Schaltung zur Folge haben und infolgedessen zu vermeiden sind.

5.3.1 Ablaufschaltwerke und Ablaufketten

In Abhängigkeit von der gewählten Zustandscodierung können für die binäre Realisierung des Schaltwerks zwei grundlegende Strukturen unterschieden werden (Bild 5-3). Das Gleichungssystem (5.13) führt im allgemeinen Fall auf die Struktur des Ablaufschaltwerks. Es ist kennzeichnend für diese Schaltwerksstruktur, daß der jeweilige Schaltwerkszustand sich aus den Werten der einzelnen Zustandsvariablen (bzw. der Speicherglieder des Schaltwerks) zusammensetzt. Eine

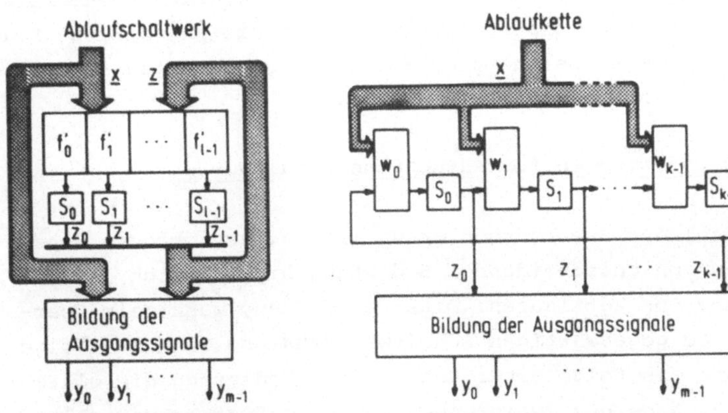

Bild 5-3: Ablaufschaltwerk und Ablaufkette

ständige parallele Bearbeitung aller Gleichungen ist daher
notwendig. Vorteilhaft ist der geringere Bedarf an Speichergliedern bzw. Merkern (bei SPS). Entsprechende Codieralgorithmen stehen für die katalogisierten Zustandsgraphen zur
Verfügung. Auf sie soll im folgenden Kapitel eingegangen
werden.

Die Struktur der Ablaufkette kann als Ergebnis einer
(1 aus n)-Codierung interpretiert werden. Diese bietet sich
insbesondere zur Realisierung von Abläufen an, welche durch
beliebig strukturierte und teilweise recht komplexe Ablaufgraphen beschrieben sind, ist jedoch auch für die katalogisierten Zustandsgraphen verwendbar. Jedem Ablaufschritt
wird hier ein eigenes Speicherglied zugeordnet, so daß
zu jedem Zeitpunkt nur eines der Speicherglieder gesetzt
ist und jeweils nur die Bearbeitung der aktuellen Weiter-
schaltbedingung notwendig ist. Die direkte Zuordnung führt
zu einfachen Codieralgorithmen und macht das Entwurfsergebnis übersichtlich und leicht durchschaubar. Nachteilig
ist der höhere Schaltungsaufwand. Für die angestrebte Realisierung mit speicherprogrammierten Steuerungen fällt dies
jedoch nicht so sehr ins Gewicht.

5.3.2 Codierungen für asynchrone Schaltwerke

Die Wahl der Zustandscodierung ist bei asynchronen Schaltwerken von entscheidender Bedeutung hinsichtlich der Vermeidung von Wettläufen. Diese entstehen, wenn beim Übergang vom gegenwärtigen Schaltwerkszustand zu einem Folgezustand als Folge einer ungünstigen Codierung die gleichzeitige Änderung zweier oder mehrerer Zustandsvariablen
verlangt wird. Dabei kann sich infolge von Laufzeitunter-
schieden im Schaltwerk ein Wettlauf zwischen den Zustandsvariablen ergeben. Ändert sich eine Variable vor der anderen,
so entsteht anstelle des dem angestrebten neuen Zustand zugeordneten Codezeichens ein anderes. Ist von diesem falschen

Zustand der tatsächlich gewünschte Folgezustand nicht mehr erreichbar, so ist der Wettlauf kritisch und muß vermieden werden.

Eine einfache Methode zur Vermeidung solcher Wettläufe besteht darin, die Codierung so zu wählen, daß die Codezeichen zweier durch Übergänge verbundener Zustände sich nur in einer Zustandsvariablen unterscheiden. Diese Art der Codierung wird als einschrittig bezeichnet.

Zur Entwicklung einschrittiger Codes (Gray-Codes) können l-dimensionale Würfel (R^l) herangezogen werden, deren

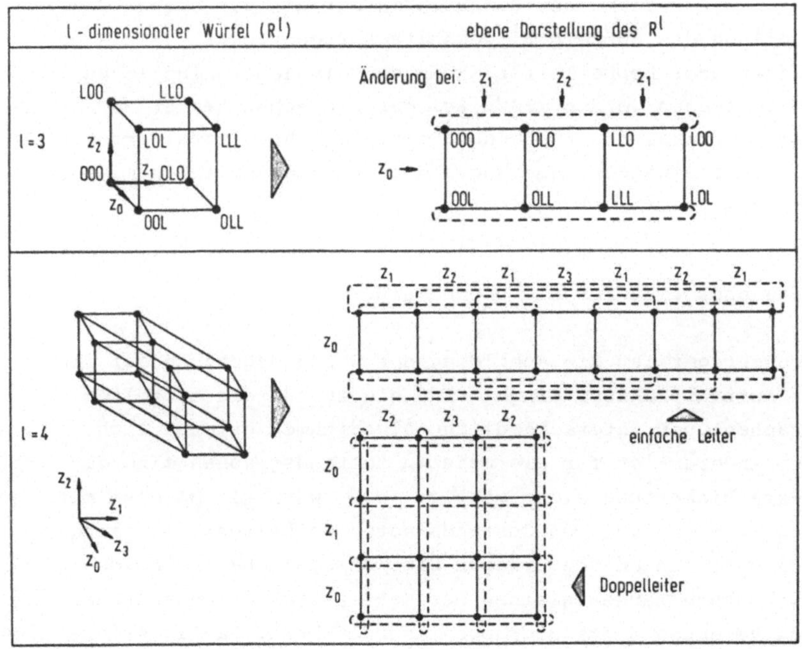

Bild 5-4: Geometrische Darstellungen für einschrittige Codes

Eckpunkten entsprechend Bild 5-4 Codezeichen zugeordnet werden. Die Codierung der Zustände eines Zustandsgraphen ist nun gleichbedeutend mit dessen Abbildung auf einen solchen Würfel. Um die Einschrittigkeit zu gewährleisten, dürfen die Übergänge des Zustandsgraphen nur auf Kanten des Würfels fallen.

Zur Erleichterung dieser Abbildung kann der Würfel R^1 zunächst durch Aufschneiden und Aufklappen in eine ebene und im Hinblick auf die vorgegebenen Zustandsgraphen zweckmäßigerweise kettenförmige Darstellung gebracht werden. Bild 5-4 zeigt dies für die Würfel dritter und vierter Ordnung. Die beim Aufschneiden verletzten Kanten wurden dabei als gestrichelte Verbindungslinien wieder ergänzt.

Für die Zuordnung der Codezeichen auf die zur ebenen Darstellung des Würfels R^1 gewählte Kettenstruktur (einfache Leiter oder Doppelleiter) kann ein einfacher Algorithmus herangezogen werden /33/. Bei der einfachen Leiter ändert sich vertikal die Zustandsvariable z_0, horizontal ergeben sich nacheinander Änderungen der Zustandsvariablen mit den Indizes

1, 2, 1, 3, 1, 2, 1, 4, 1, 2, 1, 3, 1, 2, 1, 5 ... usw.

Ähnliches gilt für die Doppelleiter.

Schwieriger ist die Abbildung der Zustandsgraphen auf diese Kettenstruktur. Einmal sind hierzu für die einzelnen Graphentypen unterschiedliche Algorithmen erforderlich. Zum anderen ist für die meisten Zustandsgraphen eine direkte Einbettung nicht möglich (z.B. wenn sie Maschen mit ungerader Anzahl von Zustandsknoten enthalten). Sie sind durch Einführen von Umwegen über zusätzliche flüchtige Zwischenzustände in einen der Kettenstruktur angepaßten äquivalenten Zustandsgraphen überzuführen. Häufig erfordert dies eine Vermehrung der zur Codierung benötigten Zustandsvariablen. Die Vorgehensweise sei in Bild 5-5 an zwei typischen Beispielen demonstriert.

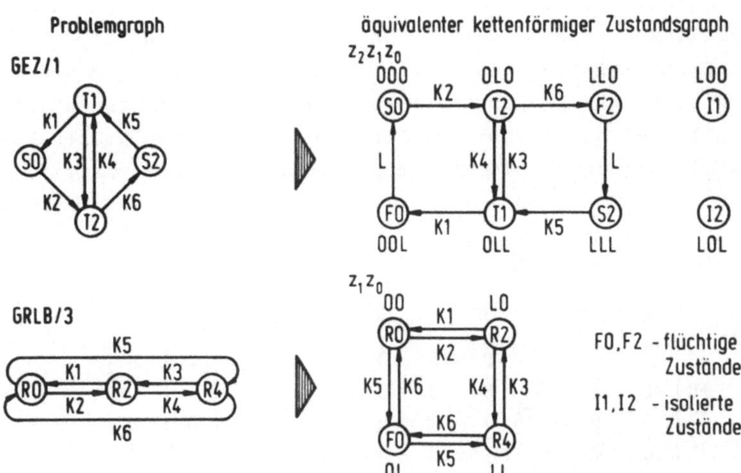

<u>Bild 5-5</u>: Einschrittige Codierung durch Einführen von Umwegen

Beim Zustandsgraphen GEZ/1 wurden die beiden Maschen
S0-T1-T2 und S2-T1-T2 durch Umwege für die Übergänge
T1 → S0 und T2 → S2 über die Zwischenzustände F0 und F2 er-
weitert. Mit Erfüllen der Übergangsbedingungen K1 bzw. K6 gehen die Zustände T1 bzw. T2 zunächst in die Zustände F0 bzw.
F2 über. Diese sollen sofort wieder in Richtung S0 bzw. S2 ver-
lassen werden. Wird der Umweg, wie hier, nur in einer Richtung durchlaufen, so können die von den flüchtigen Zuständen
weiterführenden Übergänge (F0 → S0 bzw. F2 → S2) mit der Bedingung L (immer erfüllt) belegt werden.

Beim zweiten Beispiel (Zustandsgraph GRLB/3) wird der Übergang R0 ⇄ R4 durch den Umweg R0 ⇄ F0 ⇄ R4 ersetzt. Dieser
Umweg soll in beiden Richtungen durchlaufbar sein (von F0
gehen also mehrere Übergänge weg). In diesem Fall sind nicht
nur die Übergänge R0 → F0 bzw. R4 → F0 mit den Bedingungen
K5 bzw. K6 zu belegen, sondern auch die von F0 weiterführenden Übergänge F0 → R4 bzw. F0 → R0.

Die Einführung zusätzlicher Zustände (F0, F2) bewirkt allerdings gleichzeitig eine Veränderung der Übergangsfunktion. Für den Problemgraphen GEZ/1 zeigt Bild 5-6 die aus dem erweiterten Zustandsgraphen abgeleitete Übergangsmatrix (gegenüber der in Bild 5-1 direkt aus dem Problemgraphen entwickelten Matrix) sowie die durch die Einbettung bestimmte Codiermatrix.

$$
\underline{F} =
\begin{array}{c|cccccc}
 & S0 & F0 & T2 & T1 & F2 & S2 \\
\hline
S0 & \overline{K2} & 0 & K2 & 0 & 0 & 0 \\
F0 & L & \overline{L} & 0 & 0 & 0 & 0 \\
T2 & 0 & 0 & \overline{K4 \vee K6} & K4 & K6 & 0 \\
T1 & 0 & K1 & K3 & \overline{K1 \vee K3} & 0 & 0 \\
F2 & 0 & 0 & 0 & 0 & \overline{L} & L \\
S2 & 0 & 0 & 0 & K5 & 0 & \overline{K5}
\end{array}
\qquad
\underline{C} =
\begin{array}{c|ccc}
 & z_0 & z_1 & z_2 \\
\hline
S0 & 0 & 0 & 0 \\
F0 & L & 0 & 0 \\
T2 & 0 & L & 0 \\
T1 & L & L & 0 \\
F2 & 0 & L & L \\
S2 & L & L & L
\end{array}
$$

Bild 5-6: Übergangsmatrix und Codiermatrix für den einschrittig codierten Problemgraph GEZ/1

5.3.3 Codierung für synchrone Schaltwerke

Bei synchronen Schaltwerken treten Wettlaufprobleme infolge der taktsynchronen Signalverarbeitung nicht auf, so daß auf die Einschrittigkeit der Codierung und insbesondere auf die Einführung von Umwegen verzichtet werden kann. In vielen Fällen kann dadurch eine Codierung mit weniger Zustandsvariablen erreicht werden.

Dennoch ist es auch hier sinnvoll, die Codierung so zu wählen, daß möglichst viele Zustandsübergänge einschrittig bleiben. Dies hat den Vorteil, daß die zugehörige Übergangsbedingung sich nur auf eine der Zustandsvariablen auswirkt und dementsprechend nur einmal in einer der Gln. (5.13) erscheint. Die Einschrittigkeit einzelner Übergänge trägt also gleichzeitig zur Minimierung der Schaltung bei.

Die entwickelten Codieralgorithmen für synchrone Schaltwerke sind aus diesem Grunde so ausgelegt, daß mehrschritti-
ge Übergänge nur auftreten, wenn dadurch Umwege vermieden
bzw. eine Erhöhung der Zustandsvariablenanzahl verhindert
wird. Bild 5-7 zeigt dies am Beispiel des Graphen GEZ/1.
Im Vergleich zur einschrittigen Codierung (Bild 5-5) wird
hier eine Zustandsvariable weniger benötigt.

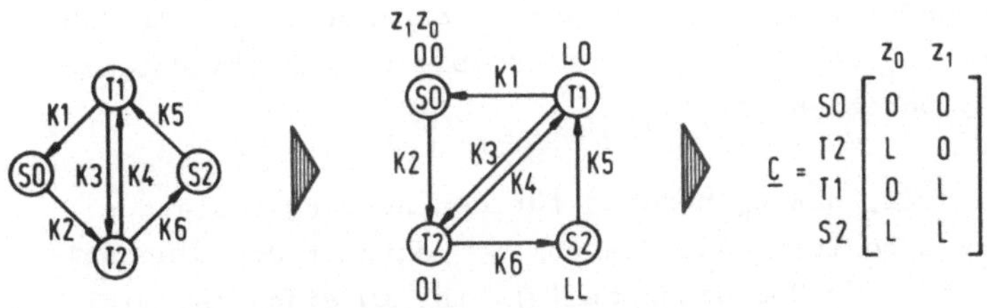

Bild 5-7: Codierung des Zustandsgraphen GEZ/1 für
synchrone Schaltwerksrealisierungen

5.4 Ermittlung der Erregungsgleichungen

5.4.1 Die Erregungsmatrix

Nach der Ermittlung der Codiermatrix und der Übergangsmatrix können nun aus Gl. (5.12) die Erregungsgleichungen
(5.13) für die einzelnen Zustandsvariablen bestimmt werden.
Dabei ist es zweckmäßig, zunächst Übergangsmatrix und
Codiermatrix zu einer Matrix

$$\underline{E} = \underline{F} \vee \wedge \underline{C} \tag{5.14}$$

zusammenzufassen. Sie sei im folgenden als Erregungsmatrix bezeichnet.
Damit kann Gl. (5.12) auf die Form

$$\underline{z} := \underline{s} \vee \wedge \underline{E} \tag{5.15}$$

gebracht werden, wobei die Elemente des Vektors $\underline{s}$ sich
nach Gl. (5.9) als Minterme aus den Zustandsvariablen
$z_0 \cdots z_{1-1}$ ergeben.

Für die Elemente e_{ih} ($i = 0 \ldots k-1$ und $h = 0 \ldots 1-1$)
der Matrix $\underline{E}$ (k Zeilen und 1 Spalten) gilt die Bildungs-
vorschrift

$$e_{ih} = \bigvee_{j=0\ldots k-1} (f_{ij} \wedge c_{jh}) \quad ; \qquad (5.16)$$

jedes Element e_{ih} entsteht danach als Disjunktion all jener
Übergangsbedingungen, die ausgehend vom Zustand s_i zu einem
Folgezustand s_j ($j = 0 \ldots i \ldots k-1$) führen, für welchen
die Zustandsvariable z_h den Wert L annimmt (c_{jh} gibt dabei
den Wert an, den die Zustandsvariable z_h für den Folgezustand s_j besitzen soll).

Für den Fall, daß z_h bereits für den Ausgangszustand s_i
den Wert L besitzt (die Disjunktion enthält das Diagonal-
element f_{ii} der Übergangsmatrix), ist im Sinne der Minimierung des entstehenden Booleschen Ausdrucks die folgende
Umformung sinnvoll. [+]

$$e_{ih} = \bigvee_{j=0\ldots k-1} (f_{ij} \wedge c_{jh}) = \overline{\bigvee_{j=0\ldots k-1} (f_{ij} \wedge \overline{c_{jh}})} \qquad (5.17)$$

Dementsprechend ergibt sich hier das Element e_{ih} als negierte Disjunktion aller von s_i zu einem Folgezustand s_j ($j \neq i$)
mit $z_h (s_j) = 0$ führenden Übergangsbedingungen.

[+] Die Richtigkeit dieser Umformung kann mit Hilfe eines
Venn-Diagramms leicht nachgewiesen werden, wenn man berücksichtigt, daß für jeden Zustand s_i
- f_{ii} entsprechend Gl. (5.6) so ergänzt wurde, daß
  $$\bigvee_{j=0\ldots k-1} f_{ij} = L \text{ war und}$$
- aufgrund der Eindeutigkeitsbedingung alle von s_i aus-
  gehenden Übergangsbedingungen f_{ij} ($j = 0\ldots k-1$) sich
  gegenseitig ausschließen sollten.

5.4.2 <u>Direkte Ableitung der Erregungsmatrix aus dem codierten Zustandsgraphen</u>

Die vorstehend gezeigte Vorgehensweise zur Ermittlung der Erregungsmatrix ist durch eine Aufteilung in drei Arbeitsschritte gekennzeichnet:

- Erstellung der Übergangsmatrix
- Erstellung der Codiermatrix
- Verknüpfung der Übergangsmatrix und der Codiermatrix zur Erregungsmatrix.

Für die Erstellung der Erregungsmatrix mit Hilfe des Rechners wäre eine direkte Umsetzung der diesen Arbeitsschritten zugrundeliegenden Algorithmen in Rechenprogramme denkbar. Bei genauer Betrachtung der im vorigen Kapitel gegebenen Interpretation der Matrixelemente e_{ih} läßt sich jedoch ein Algorithmus erkennen, der es ermöglicht, unter Umgehung von Übergangsmatrix und Codiermatrix, die Erregungsmatrix direkt aus dem codierten Zustandsgraphen abzuleiten. Er soll im folgenden skizziert werden.

Zur anschaulichen Erklärung sei, wie am Beispiel der codierten Zustandsgraphen in Bild 5-8 gezeigt, für jede Zustandsvariable z_h eine Hülle um diejenigen Zustände gelegt, für die z_h den Wert L annehmen soll. Für die Eintragungen in der z_h zugehörigen Spalte der Erregungsmatrix sind nur die Übergänge interessant, die die Hülle für z_h durchstoßen.

Betrachtet man alle im codierten Zustandsgraphen auftretenden Zustände als potentielle Anfangszustände s_i für solche Übergänge, so sind zwei Fälle zu unterscheiden:

1. Der Anfangszustand s_i liegt außerhalb der Hülle.
   Die Matrixelemente e_{ih} (bestimmt durch s_i und die sich ändernde Zustandsvariable z_h) ergeben sich nach Gl.(5.16) als Disjunktion aller von s_i zu irgendeinem Folgezustand s_j innerhalb der Hülle führenden Übergangsbedingungen.

Geht von einem s_i kein Übergang in die Hülle, so gilt $e_{ih} = 0$.

2. Der Anfangszustand s_i liegt innerhalb der Hülle. Die Matrixelemente e_{ih} ergeben sich nach Gl. (5.17) als negierte Disjunktion aller von s_i zu irgendeinem Folgezustand s_j außerhalb der Hülle führenden Übergangsbedingungen. Existiert zu einem s_i kein Übergang, der die Hülle verläßt, so gilt $e_{ih} = \overline{0} = L$.

Bild 5-8 zeigt die nach dieser Vorschrift für das Beispiel des einschrittig bzw. mehrschrittig codierten Zustandsgraphen GEZ/1 ermittelten Erregungsmatrizen.

Zur rechnerinternen Darstellung der Erregungsmatrix bietet sich die Verwendung zweidimensionaler Datenfelder an. Bild 5-8 verdeutlicht dies anhand der genannten Beispiele. Jedes Matrixelement e_{ih} wird dabei einem Element e (i,h) des Datenfeldes E zugeordnet. Ergibt sich ein Matrixelement e_{ih} als Boolesche Konstante (0 oder L), so kann diese direkt in das Datenfeld E eingetragen werden. Treten in den Matrixelementen e_{ih} Übergangsbedingungen auf, so bestehen diese dagegen im allgemeinen Fall aus beliebig komplexen Booleschen Ausdrücken, so daß hier nur die Eintragung von Platzhaltern möglich ist. Diese verweisen auf ein weiteres, lineares Datenfeld, in dem die Übergangsbedingungen fortlaufend in der Reihenfolge der Eingabe abgelegt sind (Liste der Übergangsbedingungen).

Bei einschrittiger Codierung (linkes Beispiel) treten die Übergangsbedingungen nur einzeln in den Elementen der Erregungsmatrix auf, da zu jedem Zustand s_i nur höchstens ein die Hülle durchstoßender Übergang existiert. Bei mehrschrittiger Codierung (rechtes Beispiel) können die Matrixelemente e_{ih} dagegen entsprechend den Gleichungen (5.16) und (5.17) die Disjunktion mehrerer Übergangsbedingungen enthalten. Diese werden für die rechnerinterne Darstellung auf mehrere Feldelemente $e^{(r)}$ (i,h) in parallel geführten

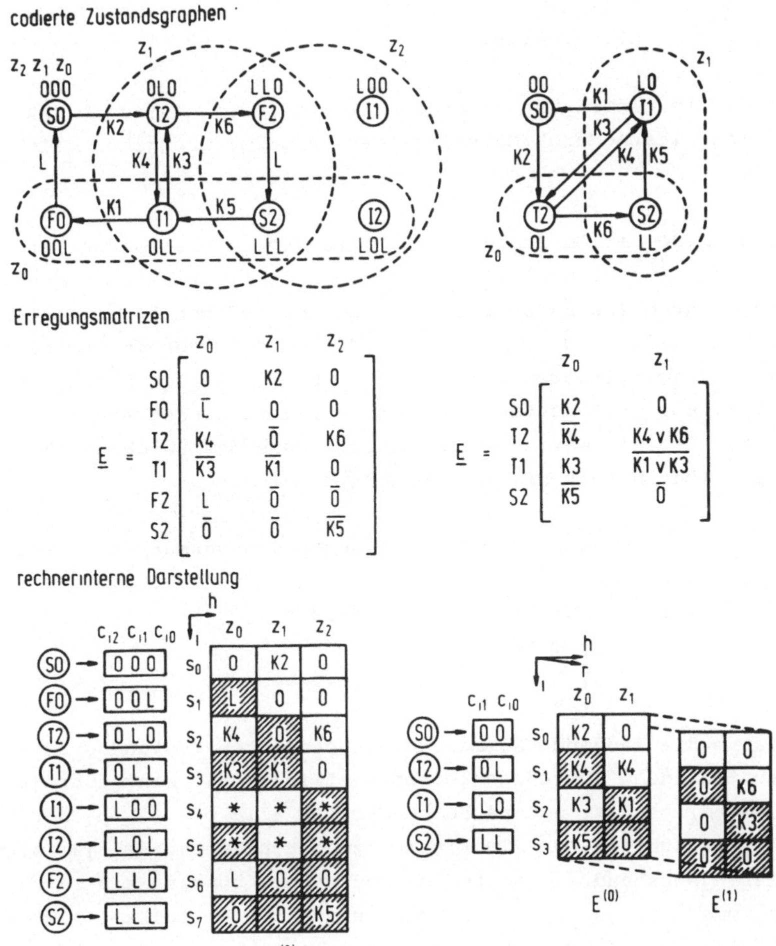

Bild 5-8: Beispiele zur Ermittlung der Erregungsmatrizen und rechnerinterne Darstellung in zwei-dimensionalen Datenfeldern

Datenfeldern $E^{(r)}$ ($r=0,\ldots,r_m$; r_m - maximale Anzahl der in
einem Matrixelement e_{ih} disjunktiv verknüpften Übergangsbedingungen) verteilt.

Negierte Eintragungen in der Erregungsmatrix sind in den
Datenfeldern durch Schraffur der Feldelemente gekennzeichnet.

Die Größe der im Rechner zur Verfügung zu stellenden Datenfelder $E^{(r)}$ wird allein durch die Anzahl der zur Codierung
benötigten Zustandsvariablen bestimmt und beträgt l Spalten
und 2^l Zeilen. Damit enthalten die Datenfelder im Gegensatz
zur Erregungsmatrix automatisch auch die Zeilen für eventu-
elle isolierte Zustände des codierten Zustandsgraphen
(I1, I2). Sie werden unter Zuhilfenahme des Zeichens $*$
als nicht belegt gekennzeichnet.

Ein Algorithmus zur Ermittlung der Erregungsmatrix in rechnerinterner Darstellungsform ist in Bild 5-9 angegeben.
Dabei werden zunächst die Datenfelder

$$E^{(r)} \text{ mit } \begin{Bmatrix} * \text{ für } \quad r = 0 \\ \\ 0 \text{ für } \quad r > 0 \end{Bmatrix} \text{ vorbesetzt.}$$

Ist p die laufende Nummer der im codierten Zustandsgraphen
auftretenden Übergänge (einschließlich evtl. eingeführter
Umwege), so ist nun nacheinander für alle $p = 1\ldots p_m$ der
sich anschließende Algorithmus zu durchlaufen. Bei (2) sind
Anfangszustand s_A und Endzustand s_E des Übergangs p zu bestimmen und in (3) deren Codierung nach den in Kap. 5.3
erklärten Codieralgorithmen festzulegen.

Aus der Codierung des Anfangszustands s_A wird nun in (4)
die Zeile i berechnet, der dieser Anfangszustand zugeordnet
werden soll. Interpretiert man die den Zuständen zugeordneten Codezeichen als Dualzahlen, so ergibt sich dadurch an
den Datenfeldern $E^{(r)}$ eine Anordnung der Zustände nach
aufsteigendem Zahlenwert der zugehörigen Codezeichen.

Damit sind gleichzeitig die schraffierten Felder in ihrer
Lage fest fixiert, so daß in Abhängigkeit vom jeweiligen
Feldelement bestimmt werden kann, ob die Eintragung zu
negieren ist oder nicht. Auf das Abspeichern einer entsprechenden Information kann daher verzichtet werden.

Da s_A offenbar kein isolierter Zustand ist, werden jetzt in
(5) alle ✱-Eintragungen in der Zeile i des Datenfeldes $E^{(0)}$
zunächst durch 0 ersetzt. Aus dem Vergleich der Codezeichen
von s_A und s_E können nun die Zustandsvariablen z_h ermittelt
werden, für welche der Übergang p eine Änderung bewirkt.
Dementsprechend ist die zu p gehörige Bedingung K (p) in
der bereits erwähnten Form in das Feldelement $e^{(r)}$ (i,h)
einzutragen (6). Ist $e^{(r)}$ (i,h) bereits belegt, so erfolgt
die Eintragung bei $e^{(r+1)}$ (i,h).

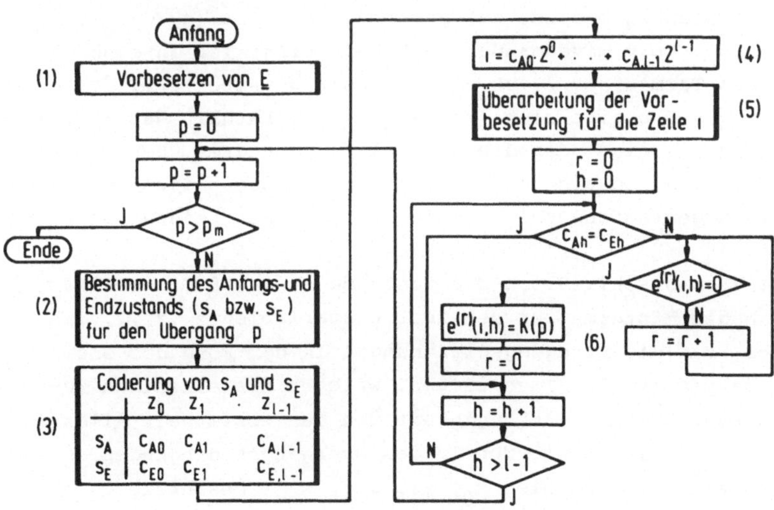

Bild 5-9: Algorithmus zur Ermittlung der Erregungsmatrix
in rechnerinterner Darstellungsform

5.4.3 Aufstellung der Erregungsgleichungen aus der Erregungsmatrix

Bei vorgegebener Erregungsmatrix und Codierung lassen sich nach Gl. (5.15) die Erregungsgleichungen sehr einfach als Gleichungssystem

$$
\begin{aligned}
z_0 &:= (s_0 \wedge e_{00}\ ) \vee (s_1 \wedge e_{10}\ ) \vee \ldots \vee (s_{k-1} \wedge e_{k-1,0}\ ) \\
z_1 &:= (s_0 \wedge e_{01}\ ) \vee (s_1 \wedge e_{11}\ ) \vee \ldots \vee (s_{k-1} \wedge e_{k-1,1}\ ) \\
&\ \ \vdots \\
z_{1-1} &:= (s_0 \wedge e_{0,1-1}) \vee (s_1 \wedge e_{1,1-1}) \vee \ldots \vee (s_{k-1} \wedge e_{k-1,1-1})
\end{aligned}
\tag{5.18}
$$

entwickeln. Geht man von der rechnerinternen Darstellung der Erregungsmatrizen aus, so sind dazu die den isolierten Zuständen zugeordneten Zeilen zu unterdrücken.

Jede Gleichung besteht aus k Termen der Form $(s_i \wedge e_{ih})$, die disjunktiv miteinander verknüpft sind. Ist in einem solchen Term $e_{ih} = 0$, so entfällt der gesamte Term. Für $e_{ih} = L$ ergibt sich $(s_i \wedge e_{ih}) = s_i$. Enthält das Matrixelement e_{ih} eine oder die Disjunktion mehrerer Übergangsbedingungen, so sind diese jetzt in der Liste der Übergangsbedingungen aufzusuchen und in die Gleichung einzufügen.

Ersetzt man schließlich die Zustände s_i gemäß Gl. (5.9) durch die Minterme aus den Zustandsvariablen $z_0, z_1, \ldots, z_{1-1}$, so hat man die Erregungsgleichungen in der Form des Gleichungssystems (5.13) vorliegen, welches die einzelnen Zustandsvariablen in Abhängigkeit von der Gesamtheit aller Zustandsvariablen sowie den in den Übergangsbedingungen enthaltenen Eingangsvariablen $x_0, x_1, \ldots, x_{n-1}$ beschreibt.

6 Realisierungssynthese für speicherprogrammierte Steuerungen

Nach der noch weitgehend realisierungsunabhängigen Berechnung des Schaltwerks soll nun die Anpassung an die gewählte Realisierungsart und die technische Detaillierung untersucht werden. Gerade dieser Arbeitsabschnitt und die damit in engem Zusammenhang stehende Erstellung der Fertigungs- und Dokumentationsunterlagen besteht vornehmlich aus Routinetätigkeiten, von denen es den projektierenden Ingenieur bzw. Techniker zu entlasten gilt. Gleichzeitig sind hier jedoch spezielle Lösungen für bestimmte Realisierungsarten und somit auch die Bereitstellung realisierungsspezifischer Programmoduln für jede Realisierungsart erforderlich.

Die Entwicklung von Algorithmen und Programmen wird sich daher zunächst auf solche Realisierungsarten beschränken, die bei vertretbarem Entwicklungsaufwand einen wirtschaftlichen Einsatz erwarten lassen. Dies gilt in besonderem Maße für die Realisierung der Funktionssteuerung mit speicherprogrammierten Steuerungen. Die rechnerunterstützte Umsetzung der mathematischen Realisierung in SPS-Programme (physikalische Realisierung) soll daher Gegenstand der folgenden Ausführungen sein.

6.1 Umsetzung der mathematischen Realisierung in SPS-Programme

Ausgangsbasis für die Erstellung der Programme für speicherprogrammierte Steuerungen ist die Gleichungsdatei (Bild 6-1). Sie wird im Rahmen der mathematischen Realisierung angelegt und stellt die Schnittstelle zur physikalischen Realisierung dar. Neben den bei der Berechnung des Schaltwerks aus Zustandsgraph und Übergangsbedingungen ermittelten Erregungsgleichungen enthält sie die bei der Formulierung der Steuerungsbeschreibung für die einzelnen Funktionseinheiten eingeführten Hilfsfunktionen und Ausgangsgleichungen sowie die

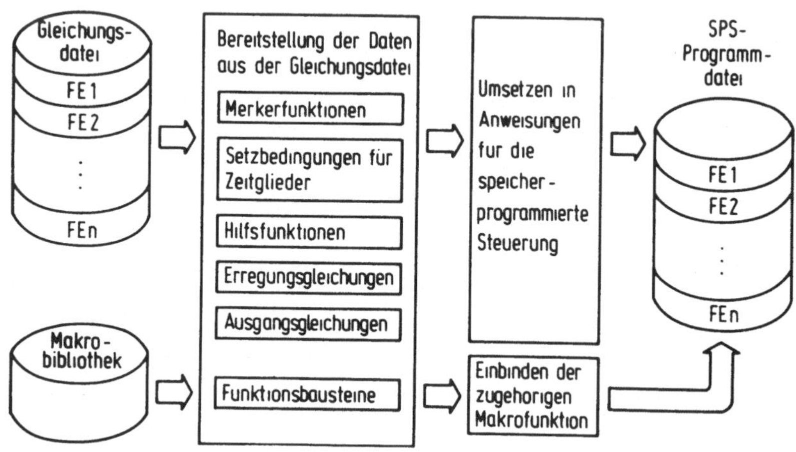

Bild 6-1: Generierung von SPS-Programmen aus den in der
Gleichungsdatei enthaltenen Informationen

Angaben zu Zeitgliedern, Merkern und Funktionsbausteinen
in überarbeiteter Form.

Die Umsetzung dieser Gleichungen und Angaben in Anweisungen für speicherprogrammierte Steuerungen macht eine Anpassung an den SPS-spezifischen Befehlsvorrat erforderlich.
Dieser orientiert sich je nach Steuergerät an verschiedenen Programmiervorlagen (Stromlaufplan, Funktionsplan,
Programmablaufplan oder Boolesche Gleichungen). Auch innerhalb dieser Gruppen sind große Unterschiede im formalen
Aufbau der Programmiersprachen sowie den mnemotechnischen
Bezeichnungen der einzelnen Befehle zu finden. Für die
unterschiedlichen Steuerungen werden daher spezifische
Programmoduln benötigt.

Abgesehen von der sowieso recht seltenen Programmierung
nach dem Programmablaufplan hat allerdings die unterschiedliche Bezeichnungsweise der für Boolesche Verknüpfungen

bereitstehenden Anweisungen einen relativ geringen Einfluß auf den Aufbau der benötigten Umsetzalgorithmen. Entscheidender wirkt sich Art und Umfang der darüber hinaus verfügbaren Operationen aus. Klammer- und Sprunganweisungen oder auch digitale Operationen sind Beispiele hierfür.

Der im Rahmen der hier beschriebenen Programmkette (siehe Bild 3-6) entwickelte Programmodul bezieht sich zudem auf eine speicherprogrammierte Steuerung /34/, deren Befehlsvorrat sich weitgehend an der als Entwurf vorliegenden DIN 19 239 /35/ orientiert. Der mit dieser Norm zu erwartende Standardisierungseffekt wird die Anpassung an andere Steuergeräte wesentlich erleichtern. Dies gilt vor allem für den Bereich der binären Operationen.

Dagegen ist bei den wortverarbeitenden digitalen Operationen die Entwicklung noch nicht abgeschlossen und eine Standardisierung nicht zu erkennen. Für die Eingabe und Verarbeitung im Rahmen des Programmsystems ist es daher vorteilhaft, solche Operationen nur im Rahmen der Funktionsbausteine zu verwenden. Für diese werden in einer Bibliothek Makrofunktionen (siehe Kap. 6.4) bereitgestellt, welche im SPS-spezifischen Befehlsvorrat formuliert und mit unterschiedlichen Parametern abgerufen werden können.

Abgesehen von den Funktionsbausteinen sind alle übrigen in der Gleichungsdatei enthaltenen Informationen ausschließlich in Steuerungsanweisungen für binäre Operationen umzusetzen. Die Bearbeitung erfolgt getrennt nach Funktionseinheiten.

Die ermittelten Steuerungsanweisungen werden in codierter Form in der SPS-Programmdatei abgelegt.

6.1.1 Anpassung der Gleichungen und Analyse der Gleichungsstruktur

Da die in der Gleichungsdatei bereitstehenden Daten überwiegend aus Booleschen Gleichungen bestehen, ist die Übersetzung solcher Gleichungen von zentraler Bedeutung. Die direkte Umsetzung der Gleichungen ist nur selten möglich. So können beispielsweise bei den meisten speicherprogrammierten Steuerungen negierte Klammerausdrücke nicht direkt programmiert werden, so daß zunächst eine Umformung nach dem De-Morganschen Theorem erforderlich ist.

Außerdem gibt es bei den am Markt befindlichen Steuergeräten große Unterschiede hinsichtlich der Verarbeitbarkeit von Klammern. Da die vorliegenden Gleichungen prinzipiell Klammern beliebiger Ordnung besitzen können, sind die Klammerstrukturen zu analysieren und unter Umständen Zwischenfunktionen einzuführen. Ein SPS-unabhängiger Programmmodul steht hierfür zur Verfügung.

Die Klammerstruktur einer Gleichung kann anschaulich in Form eines Klammerordnungsbaumes (Bild 6-2 links) beschrieben werden. Er liefert eine Auflösung der Gleichung in Terme mit einheitlicher Verknüpfung, die zudem verschiedenen Klammerordnungsebenen zugeordnet sind. Die einzelnen Terme enthalten Variablen und/oder Terme höherer Klammerordnung. Rechnerintern werden sie in Form von miteinander verketteten Datensätzen (Bild 6-2 rechts) dargestellt, wobei als Vor- bzw. Rückwärtsverweis auf die Terme höherer bzw. den Term niederer Klammerordnung die Adressen der zugehörigen Datensätze angegeben werden.

Kann die Klammerstruktur der Gleichung nicht unmittelbar verarbeitet werden, so sind zwischen den Klammerordnungsebenen entsprechende Trennungslinien zu ziehen. Für die Verkettung von Sätzen über diese Linien hinweg werden

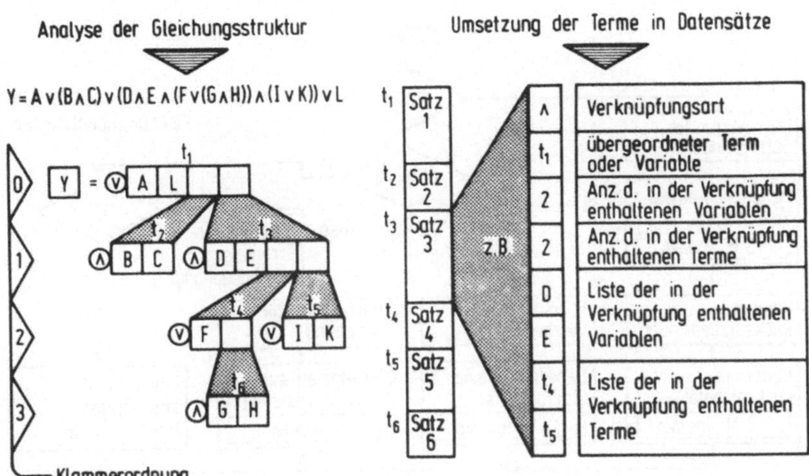

Bild 6-2: Analyse der Gleichungsstruktur und Umsetzung
der Terme in Datensätze

Zwischenfunktionen eingeführt. Die gewählte Datenstruktur
macht dies durch einfaches Überschreiben der betroffenen
Vor- und Rückwärtsverweise mit dem Namen der eingeführten
Zwischenfunktion möglich.

6.1.2 Generierung von SPS-Programmen für die Funktionseinheiten der Steuerung

Zur Generierung von SPS-Programmen ist es sinnvoll, die
getrennt nach Funktionseinheiten in der Gleichungsdatei
abgelegten Steuerungsdaten in der Reihenfolge Merker,
Zeitglieder, Hilfsfunktionen, Erregungsgleichungen und
Ausgangsgleichungen zu bearbeiten. Anschließend werden
die angesprochenen Makrofunktionen eingebunden.

Die Umsetzung dieser Steuerungsdaten erfolgt nach dem in
Bild 6-3 angegebenen Algorithmus. Für die Übersetzung der
dabei auftretenden Booleschen Ausdrücke oder Gleichungen

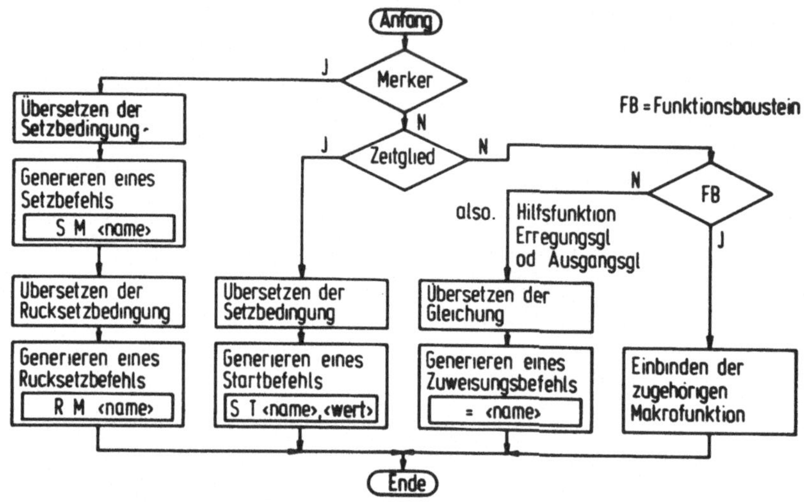

Bild 6-3: Artspezifische Behandlung der Steuerungsdaten
bei der Umsetzung in SPS-Programme

geht man von der bereits beschriebenen Satzstruktur aus.
Diese stellt eine Auflösung in elementare Verknüpfungs-
glieder dar, und erlaubt damit eine problemlose Compilie-
rung der einzelnen Satzketten in den speziellen SPS-Befehlsvorrat.

Ergänzend werden die Namen der Funktionseinheiten sowie
Angaben zur Art der umgesetzten Steuerungsdaten als Kommen-
tare in das erzeugte SPS-Programm aufgenommen.

6.2 Direkte Umsetzung der Zustandsgraphen in SPS-Programme

Während bei Schaltwerksrealisierungen mit diskreten Bauelementen aus Kostengründen normalerweise eine Minimierung der
benötigten Speicherbausteine angestrebt wird, tritt dieser
Gesichtspunkt bei speicherprogrammierten Steuerungen in den

Hintergrund. Daraus ergibt sich die Möglichkeit, den Zustandsgraphen in der in Bild 6-4 gezeigten Weise, unter Umgehung der Erregungsgleichungen, direkt in eine Folge von Steuerungsanweisungen umzusetzen. Der wesentliche Vorteil dieser Methode besteht darin, die Anweisungsfolge so zu strukturieren, daß nur die zum jeweiligen Zeitpunkt relevanten Programmabschnitte durchlaufen werden. Allerdings setzt sie die Verfügbarkeit von Sprunganweisungen im Befehlsvorrat der verwendeten SPS voraus.

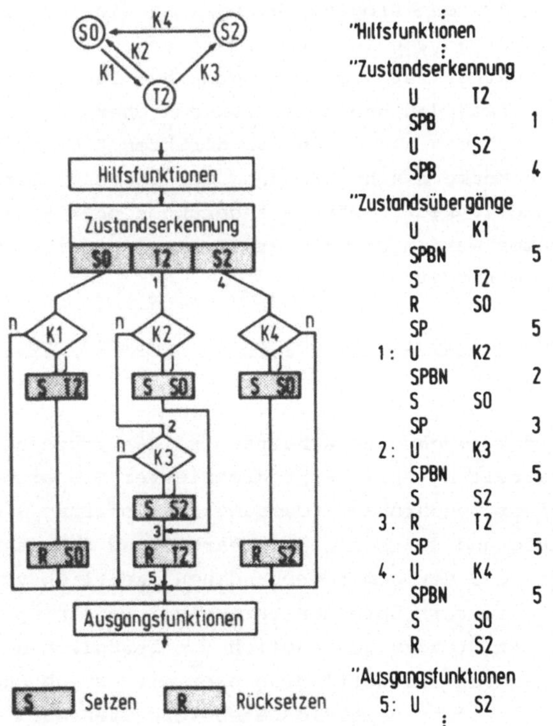

Bild 6-4: Direkte Umsetzung des Zustandsgraphen in SPS-Programme mit zustandsabhängiger Programmverzweigung /36/

Jedem Zustand wird hierzu ein Merker zugeordnet ((1 aus n)-
Codierung). Der Definition des Zustandsgraphen entsprechend,
darf stets nur einer der Zustandsmerker gesetzt sein. Die im
Bild angegebene Anweisungsfolge beginnt mit der Zustandser-
kennung, wo der gerade aktuelle Zustand erkannt und zum zugehörigen Programmabschnitt verzweigt wird. Dort werden alle
von diesem Zustand wegführenden Übergangsbedingungen abge-
prüft und gegebenenfalls der Folgezustand gesetzt und der
Ausgangszustand rückgesetzt.

Durch diese Art der Programmierung wird die für einen Pro-
grammdurchlauf notwendige Zykluszeit erheblich reduziert.
Die Zeitersparnis ist besonders groß bei Zustandsgraphen
mit vielen Zuständen und umfangreichen Übergangsbedingungen.
Zudem erreicht man als Folge der direkten Zuordnung der
Zustände zu Merkern eine Erhöhung der Übersichtlichkeit
und Verständlichkeit. Spätere Änderungen oder Erweiterungen
des Programms werden dadurch erleichtert und die Diagnose-
fähigkeit verbessert.

6.3 Hazard- und Wettlaufprobleme bei speicherprogrammierten Steuerungen

Trotz der taktsynchronen Arbeitsweise des Prozessors ist die
Signalverarbeitung speicherprogrammierter Steuerungen nicht
mit der einer synchronen Steuerungsrealisierung gleichzu-
setzen. Aufgrund der seriellen Abarbeitung der Steuerungsanweisungen und der damit verbundenen, zeitlich versetzten
Abfrage der zu verknüpfenden Variablen, weisen speicherprogrammierte Steuerungen nämlich ein bezüglich des Auftre-
tens von Hazards und Wettläufen eher mit asynchronen Steuerungsrealisierungen vergleichbares Verhalten auf. Dies soll
im folgenden verdeutlicht und gleichzeitig Maßnahmen zur Vermeidung eines durch Hazards und Wettläufe bei SPS hervorge-
rufenen Fehlverhaltens angegeben werden.

Eine systematische Untersuchung solcher Hazard- und Wettlaufprobleme ist beispielsweise in /5, 22/ zu finden. Bild 6-5
zeigt Beispiele für die Entstehung statischer 0-Hazards oder
L-Hazards bei Schaltungen mit Relais bzw. elektronischen
Verknüpfungsbausteinen. Sie ergeben sich durch die Verletzung
der Grundbedingungen

$$x \wedge \overline{x} = 0 \quad \text{bzw.} \quad x \vee \overline{x} = L$$

infolge unterschiedlicher Schaltzeitverzögerungen von Öffnern
und Schließern bei den angegebenen Kontaktschaltungen bzw.
der Laufzeit des Negationsglieds bei der Realisierung mit
elektronischen Verknüpfungsbausteinen. Liegt die zu reali-
sierende Boolesche Gleichung in disjunktiver Normalform (DNF)
vor, so können demzufolge nur statische L-Hazards auftreten.
Die konjunktive Normalform (KNF) läßt dagegen nur statische
0-Hazards zu.

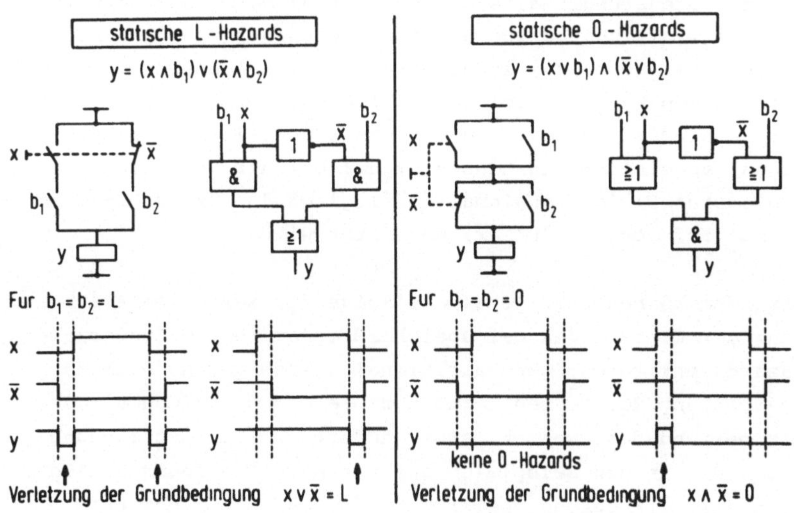

Bild 6-5: Hazards bei kombinatorischen Schaltungen mit
Relais bzw. elektronischen Verknüpfungsbausteinen

Neben den statischen Hazards kommen in kombinatorischen
Schaltungen auch sogenannte dynamische Hazards vor. Sie entstehen aus der Überlagerung statischer 0- und L-Hazards und
treten bei der Realisierung Boolescher Gleichungen mit ge-
mischter Gleichungsstruktur auf, die sich bei entsprechender Wertezuordnung der übrigen Gleichungsvariablen z.B. auf
die Form $(x \wedge \bar{x}) \vee x$ reduzieren lassen.

In kombinatorischen Schaltungen führen Hazards nicht zu
bleibenden Schaltfehlern. Sie treten nur in der Schaltphase
auf und sind aufgrund der relativ kurzen Zeitdauer kaum ausreichend, unbeabsichtigte Änderungen der Stellglieder zu bewirken. In sequentiellen Schaltungen verursachen sie jedoch
häufig ein fehlerhaftes Folgeverhalten und sind daher zu
unterbinden.

Zur Vermeidung statischer und dynamischer Hazards bei asynchronen Steuerungsrealisierungen ist es notwendig, die Schaltung bzw. die zugehörige Boolesche Gleichung durch Hinzunahme
redundanter Terme /5/ zu erweitern. Bei speicherprogrammierten
Steuerungen kann ein solches Fehlverhalten wesentlich elegan-
ter verhindert werden, indem x und $\bar{x}$ von ein und demselben
Signal abgeleitet und dieses Signal bei der Umsetzung der
Booleschen Gleichung einmal auf logisch "L" (x) und das andere Mal auf logisch "0" ($\bar{x}$) abgefragt wird.

Trotzdem können aber jetzt als Folge der seriellen Abarbeitung der Gleichungen bei speicherprogrammierten Steuerungen
Hazards entstehen, wenn das Signal x sich gerade nach der
Bearbeitung des ersten Terms der Gleichung, jedoch vor der
Bearbeitung des zweiten Terms, ändert. Zur Verdeutlichung
seien die in den Beispielen auftretenden Gleichungen allgemein als Verknüpfung zweier Terme t_1 und t_2 in der Form

$$y = \underbrace{t_1 \wedge t_2}_{\text{Fall a}} = \underbrace{t_2 \wedge t_1}_{\text{Fall c}} \qquad (6.1)$$

oder $\qquad y = \underbrace{t_1 \lor t_2}_{\text{Fall b}} = \underbrace{t_2 \lor t_1}_{\text{Fall d}}$

beschrieben, wobei t_1 die Variable x und t_2 die Variable $\bar{x}$ enthalten soll.

Liegt nun gerade zwischen der Bearbeitung der Terme t_1 und t_2 eine Änderung bei x vor, so ergeben sich je nach Verknüpfungsart und Reihenfolge der Terme die in Bild 6-6 zusammengestellten Hazardfälle. Dabei sind t_1 und t_2 entweder Terme der Gleichung selbst oder Zwischenfunktionen, die zu unterschiedlichen Zeitpunkten im Programmablauf gebildet werden.

Zur Vermeidung solcher Hazardfehler gilt es zu verhindern, daß x sich zwischen der Bearbeitung der Terme t_1 und t_2 verändern kann. Dabei sind zwei Fälle zu unterscheiden:
- x ist Eingangsvariable
- x ist einem Merker oder Ausgangsspeicher zugeordnet.

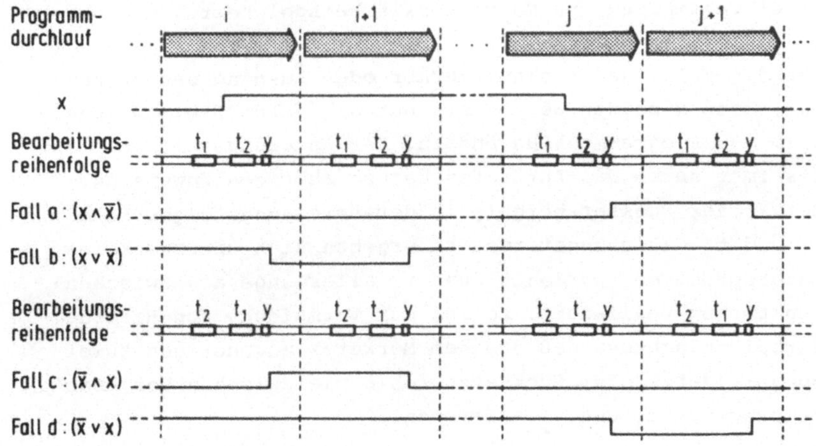

Bild 6-6: Hazards bei der Realisierung kombinatorischer Schaltungen in einer SPS

Eingangsvariable sind bezüglich ihres Signalverlaufs vom
Prozeß bestimmt, so daß prinzipiell mit beliebigen Ände-
rungszeitpunkten gerechnet werden muß. Allerdings werden
heute bei den meisten speicherprogrammierten Steuerungen
die Eingabesignale vor Beginn des Programmzyklus synchron
mit einem Übernahmetaktsignal abgefragt und die zu diesem
Zeitpunkt aktuellen Werte in einem Eingabesignalspeicher
abgelegt. Eine Änderung des Eingabesignals (x) zwischen
der Bearbeitung der beiden Terme t_1 und t_2 der Gln. (6.1)
ist auf diese Weise nicht mehr möglich und die Entstehung
von Hazards daher ausgeschlossen. Sind t_1 und t_2 außerhalb
der Gleichungen als Zwischenfunktionen realisiert, ist jedoch darauf zu achten, daß die Gln. (6.1) im SPS-Programm
nicht zwischen t_1 und t_2 abgearbeitet werden, da sich sonst
wieder derselbe Fehlerfall ergibt.

Enthält die gewählte speicherprogrammierte Steuerung eine
solche Eingabepufferung nicht, so kann für die kritischen
Eingangsvariablen eine künstliche Synchronisierung erreicht
werden, indem man sie z.B. zu Beginn des Programmzyklus
unter Verwendung von Merkern zwischenspeichert.

Für den Fall, daß x einem Merker oder Ausgang zugeordnet
ist, kann x seinen Wert stets nur an festen Stellen innerhalb des Programmzyklus ändern. Der Änderungszeitpunkt ist
bestimmt durch das Auftreten der zugehörigen Zuweisungs-,
Setz- oder Rücksetzbefehle in der Anweisungsfolge. Sind
t_1 und t_2 Gleichungsterme, so ergeben sich hieraus keine
Hazardprobleme. Werden t_1 und t_2 allerdings als Zwischenfunktionen realisiert, so ist zur Vermeidung von Hazards
darauf zu achten, daß die dem Merker x zugehörigen Zuwei-
sungs-, Setz- oder Rücksetzbefehle nie zwischen der Abarbeitung von t_1 und t_2 auftreten.

Auf die Entstehung von Wettläufen bei asynchronen Schaltwerken wurde bereits im Rahmen der Zustandscodierung

eingegangen. Sie lassen sich durch die Wahl einer einschrittigen Codierung verhindern. Dies gilt auch für die Realisierung
des Schaltwerks in einer speicherprogrammierten Steuerung.

Bei mehrschrittig codierten Schaltwerken treten dagegen infolge der seriellen Abarbeitung der Erregungsgleichungen in
der SPS prinzipiell Wettläufe auf. Die Ursache ist darin zu
sehen, daß gleich nach der Abarbeitung der einzelnen Erregungsgleichungen der zugehörigen Zustandsvariablen, wenn
nötig, ein neuer Wert zugewiesen wird. Für die Bearbeitung
der nachfolgenden Erregungsgleichungen befindet sich das
Schaltwerk also bereits in einem neuen (möglicherweise falschen) Zustand, von dem aus der eigentlich gewünschte Ziel-
zustand u.U. nicht mehr erreicht werden kann.

Will man trotzdem auf die aufwandsmäßig günstigere, mehr-
schrittige Codierung nicht verzichten, so muß durch Zwischenspeicherung der neuen Werte für die Zustandsvariablen erreicht werden, daß für die Bearbeitung sämtlicher Erregungsgleichungen von dem ursprünglichen Schaltwerkszustand ausgegangen wird und die Aktualisierung der Zustandsvariablen
erst erfolgt, nachdem alle Erregungsgleichungen durchlaufen
sind. Bei den verschiedenen Funktionseinheiten können für
diese Zwischenspeicherung immer wieder dieselben Merker
verwendet werden.

6.4 Makrofunktionen

Die Verwendung von Funktionsbausteinen bei der Formulierung
der Steuerungsbeschreibung setzt die Bereitstellung derselben in der gewählten Realisierungsart voraus. Bei speicherprogrammierten Steuerungen werden diese Funktionsbausteine
durch eine Folge von Steuerungsanweisungen verwirklicht und
in Form von Makrofunktionen in einer Makrobibliothek zur
Verfügung gestellt. Die Programmierung der Makrofunktionen
erfolgt zweckmäßigerweise direkt im SPS-spezifischen Befehls-

vorrat. Dies hat den Vorteil, daß sämtliche in diesem Befehlsvorrat verfügbaren Anweisungen, insbesondere auch eventuell angebotene wortverarbeitende Operationen, nutzbar sind.

Bild 6-7 zeigt als Beispiel eine für den Funktionsbaustein
VRZ (Vorwärts-Rückwärts-Zähler) im Befehlsvorrat der bereits
erwähnten SPS /34/ erstellte Makrofunktion. Ein- und Aus-
gänge des Funktionsbausteins treten als formale Parameter
in der Makrofunktion auf.

Um eine mehrfache Verwendung der Funktionsbausteine zu ermöglichen, muß es erlaubt sein, den Ein- und Ausgängen bei
jedem Aufruf beliebige aktuelle Signale bzw. Werte zuzuordnen. Dies geschieht durch die Angabe aktueller Parameter
in der Steuerungsbeschreibung. Je nach Art der Ein- und Aus-
gänge kann es sich dabei um Variablen bzw. Boolesche Kon-
stanten oder um Zahlen- bzw. Zeitwerte handeln. Da Makrofunktionen auch wortverarbeitende Operationen beinhalten

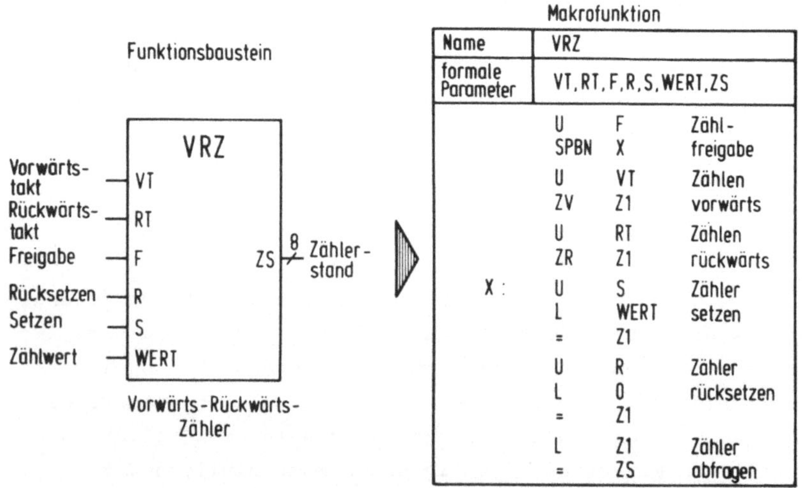

Bild 6-7: Beispiel einer Makrofunktion

können, sind als Variablen auch ganze Signalgruppen
(8 bit oder 16 bit) zugelassen.

Treten nun bei der Umsetzung der in der Gleichungsdatei
enthaltenen Steuerungsdaten in SPS-Programme Funktionsbausteine auf (siehe Bild 6-1), so werden die zugehörigen
Makrofunktionen an entsprechender Stelle eingebunden. Dabei
sind die formalen Parameter durch die aktuellen zu ersetzen.
Neben den formalen Parametern kommen häufig noch makro-
interne Variablen (Namen von Zeitgliedern, Zählern oder
Hilfsmerkern) vor, für die beim mehrfachen Einbinden der
Makrofunktion jeweils neue Namen zu generieren sind. Besitzt die Makrofunktion Sprunganweisungen, so wurden die
notwendigen Sprungmarken bei der Definition der Makrofunktion mit symbolischen Namen bezeichnet. Beim Einbinden
werden sie in der Weise durch zahlenmäßige Marken ersetzt,
daß das gesamte SPS-Programm eine fortlaufende Sprungmar-
kennumerierung erhält.

Funktionsbausteine bzw. Makrofunktionen kommen hauptsächlich bei der Bearbeitung von Aufgabenstellungen aus dem
digitalen Bereich zum Einsatz. Es lassen sich aber auch
rein binäre Funktionen, die häufig auftreten, als Makrofunktionen definieren. Darüber hinaus wäre es denkbar,
sogar ganze Funktionseinheiten und Baugruppen als Makrofunktionen abzulegen und sie in fertiger Form für andere
Steuerungskonstellationen wiederzuverwenden. Günstige
Voraussetzungen hierfür wären überall dort gegeben, wo
Maschinen oder Anlagen nach einem Baukastensystem zusammengestellt werden.

6.5 Erstellung von Fertigungs- und Dokumentationsunterlagen

Ein wesentlicher Rationalisierungseffekt des rechnerunterstützten Steuerungsentwurfs ist in der weitgehend automatischen Erstellung der für die Realisierung, Inbetriebnahme

und Instandhaltung der Steuereinrichtung erforderlichen
Fertigungs- und Dokumentationsunterlagen zu sehen.

Aus dem Bereich der mathematischen Realisierung ist neben
der Auflistung der Variablen und Funktionseinheiten vor
allem die Beschreibung des Schaltwerks durch Boolesche
Gleichungen zu dokumentieren. Durch Ankopplung eines entsprechenden Programmoduls zur rechnerunterstützten Zeich-
nungserstellung wäre auch eine graphische Darstellung der
Booleschen Gleichungen beispielsweise in Form eines Funktionsplans realisierbar.

Von weit größerem Interesse für den Anwender ist die Erarbeitung der für die Realisierung mit speicherprogrammierten
Steuerungen benötigten Fertigungs- und Dokumentationsunterlagen. Die hierzu notwendigen Untersuchungen und die gefun-
denen Algorithmen sollen im Rahmen einer weiterführenden Arbeit eingehender behandelt werden. Die folgenden Ausführungen sollen sich daher auf eine kurze Darstellung der Ergeb-
nisse des rechnerunterstützten Entwurfs beschränken. Die Erstellung von Belegungsplänen und Baugruppenlisten und die
Ausgabe des auf der SPS-Programmdatei abgelegten SPS-Programms stehen dabei im Vordergrund.

6.5.1 Erstellung der Belegungspläne

Neben der bereits besprochenen Generierung der SPS-Programme
ist es sowohl für die Verdrahtung des Steuergeräts mit den
übrigen Anlagenteilen als auch für die weitere Spezifizie-
rung der Steuerungsanweisungen notwendig, die auftretenden
Variablen bestimmten Eingangs- bzw. Ausgangsklemmen, Merkeradressen oder Zeitstufen zuzuordnen. Werden innerhalb der
Makrofunktionen Zähler angesprochen, so ist auch hierfür festzulegen, welcher der im Steuergerät vorgesehenen Zähler zu
dem angegebenen Zählernamen gehören soll. Der dabei entstehende Belegungsplan (Bild 6-8) ist sowohl für die Verdrahtung
als auch den späteren Test der Anlage von Bedeutung.

Ein für die Erstellung der Belegungspläne entwickelter
Programmodul bietet die Möglichkeit einer vollkommen
automatischen Zuordnung. Ein- bzw. Ausgangsvariable werden auf Eingangs- bzw. Ausgangsklemmen gelegt, Merker-
und Hilfsfunktionen sowie die eingeführten Zwischenfunktionen auf Merkeradressen usw.. Daneben bestehen jedoch
verschiedene Eingriffsmöglichkeiten für den Anwender.
Einmal kann er die Bestückung einer vorhandenen SPS mit

```
BELEGUNG DER PROGRAMMIERBAREN STEUERUNG   MPST-PC
(NACH AUFSTEIGENDEN ADRESSEN SORTIERT)

****************************************************************************
*              *            *          *       *                      *       *
*  SIGNALNAME  *  KLEMME    * ADRESSE  *  TYP  *  VARIABLENART        * BIT   *
*              *            *          *       *                      *       *
****************************************************************************
*                                                                            *
*  G1             E 0.  0.  0     E    0    1    EINGANGSVARIABLE        1   *
*  START          E 0.  0.  1     E    1    1    EINGANGSVARIABLE        1   *
*  GBE            E 0.  0.  2     E    2    1    EINGANGSVARIABLE        1   *
*  G2             E 0.  0.  3     E    3    1    EINGANGSVARIABLE        1   *
*  BHAND          E 0.  0.  4     E    4    1    EINGANGSVARIABLE        1   *
*  TRE            E 0.  0.  5     E    5    1    EINGANGSVARIABLE        1   *
*  TLI            E 0.  0.  6     E    6    1    EINGANGSVARIABLE        1   *
*  EIN            E 0.  0.  7     E    7    1    EINGANGSVARIABLE        1   *
*  BAUTO          E 0.  0.  8     E    8    1    EINGANGSVARIABLE        1   *
*  HALT           E 0.  0.  9     E    9    1    EINGANGSVARIABLE        1   *
*  0              E 0.  0.10      E   10    1    EINGANGSVARIABLE        1   *
*  VLI            A 0.  0.  0     A    0    1    AUSGANGSVARIABLE        1   *
*  VRE            A 0.  0.  1     A    1    1    AUSGANGSVARIABLE        1   *
*  ZWERT                          M    0         HILFSVARIABLE           8   *
*                               -M    7                                      *
*  QP6                            M    8         INTERNE HILFSVARIABLE   8   *
*                               -M   15                                      *
*  RHAND                          M   16         HILFSVARIABLE           1   *
*  AAB                            M   17         HILFSVARIABLE           1   *
*  LHAND                          M   18         HILFSVARIABLE           1   *
*  QZB1(FEVOR)                    M   19         ZUSTAND                 1   *
*  QZB2(FEVOR)                    M   20         ZUSTAND                 1   *
*  ZSO                            M   21         HILFSVARIABLE           1   *
*  Z0F1                           M   22         ZUSTANDSVARIABLE        1   *
*  Z1F1                           M   23         ZUSTANDSVARIABLE        1   *
*  Z2F1                           M   24         ZUSTANDSVARIABLE        1   *
*  QH1                            M   25         INTERNE HILFSVARIABLE   1   *
*  QH2                            M   26         INTERNE HILFSVARIABLE   1   *
*  QH3                            M   27         INTERNE HILFSVARIABLE   1   *
*  QP1                            M   28         INTERNE HILFSVARIABLE   1   *
*  QP2                            M   29         INTERNE HILFSVARIABLE   1   *
*  QP3                            M   30         INTERNE HILFSVARIABLE   1   *
*  QP4                            M   31         INTERNE HILFSVARIABLE   1   *
*  QP5                            M   32         ZAEHLER                     *
*                                                                            *
****************************************************************************

MIT * MARKIERTE ADRESSEN WURDEN LAUT EINGABE BELEGT
```

Bild 6-8: Belegungsplan

Peripheriebaugruppen (E/A-Karten und -Moduln) nach Typ,
Anzahl und Bezeichnung vorgeben und so die Zuordnungsmög-
lichkeiten einschränken. Zum anderen hat er die Möglichkeit, für alle oder auch nur einen Teil der Variablen
eine bestimmte Klemmen- oder Adresszuordnung durch Be-
legungsanweisungen vorzuschreiben. Zweckmäßigerweise
wird er dabei von der bereits erstellten Variablenliste
ausgehen.

Byte- und Wortsignalen werden ganze Klemmen- bzw. Adress-
bereiche zugeordnet, wobei eine Überschreitung der Modul-
grenzen nicht zugelassen wird.Um gleichzeitig auch einzelne Bitsignale einer solchen Gruppe über einen eigenen Signalnamen ansprechen zu können, ist für diesen Adreßbereich
eine Mehrfachbelegung mit Namen für Einzelsignale erlaubt.

Der Belegungsplan kann in alphabetischer Reihenfolge der
Variablennamen oder nach aufsteigenden Belegungsadressen
sortiert ausgegeben werden. Parallel dazu informiert
eine Baugruppenliste über Art und Belegungsgrad der benötigten Peripheriebaugruppen.

6.5.2 <u>Ausgabe der SPS-Programme</u>

Mit der Festlegung der Signalbelegung kann das SPS-Programm als Anweisungsliste oder auf Lochstreifen ausgegeben werden. Bild 6-9 zeigt einen Auszug aus einer solchen
Anweisungsliste. Sie enthält das SPS-Programm in symbolischer Form und gibt gleichzeitig Auskunft darüber, auf
welchen Klemmen bzw. Adressen die auftretenden Variablen
zu finden sind.

In einem weiteren Programmschritt wird die Assemblierung,
d.h. die Übersetzung des symbolischen SPS-Programms in den
Maschinencode vorgenommen. Unter Verwendung einer Codier-
tabelle und bei gleichzeitigem Ersetzen der symbolischen

```
SYMBOLISCHES PC-PROGRAMM

*********************************************************

  BEF.  MARKE  SYMB.     OPERAND      ADRESSE   KLEMME
  NR.          BEFEHL                  DEZ.     KA MO KL

*********************************************************
    .
    .
    .
 ===========================
 " FUNKTIONSEINHEIT: FEVOR "
 ===========================

 "HILFSFUNKTIONEN
    0000      1:  U    E   BHAND        0004     E 0. 0. 4
    0001          U    E   TRE          0005     E 0. 0. 5
    0002          UN   E   TL1          0006     E 0. 0. 6
    0003          U    E   EIN          0007     E 0. 0. 7
    0004          =    M   RHAND        0016

    0005          U    E   BHAND        0004     E 0. 0. 4
    0006          UN   E   TRE          0005     E 0. 0. 5
    0007          U    E   TL1          0006     E 0. 0. 6
    0008          U    E   EIN          0007     E 0. 0. 7
    0009          =    M   LHAND        0018

    0010          U    E   BAUTO        0008     E 0. 0. 8
    0011          UN   E   HALT         0009     E 0. 0. 9
    0012          U    E   EIN          0007     E 0. 0. 7
    0013          =    M   AAB          0017

 "ERREGUNGSFUNKTIONEN
    0014          O (
    0015          UN   M   RHAND        0016
    0016          UN   M   AAB          0017
    0017               )
    0018          O (
    0019          U    M   AAB          0017
    0020          U    E   GBE          0002     E 0. 0. 2
    0021               )
    0022          =    M   QH1          0025

    0023          ON   M   AAB          0017
    0024          ON   E   GBE          0002     E 0. 0. 2
    0025          =    M   QH2          0026

    0026          O (
    0027          U    M   Z0F1         0022
    0028          UN   M   Z1F1         0023
    0029          UN   M   Z2F1         0024
    0030          UN   E   G1           0000     E 0. 0. 0
    0031               )
    0032          O (
    0033          UN   M   Z0F1         0022
    0034          U    M   Z1F1         0023
    0035          UN   M   Z2F1         0024
    0036          UN   E   G2           0003     E 0. 0. 3
    0037          U    M   QH1          0025
    0038               )
     .
     .
     .
 "AUSGANGSFUNKTIONEN
    0111          U    M   QZB1(FEVOR)  0019
    0112          =    A   VL1          0000     A 0. 0. 0

    0113          U    M   QZB2(FEVOR)  0020
    0114          =    A   VRE          0001     A 0. 0. 1
     .
     .
```

<u>Bild 6-9:</u> Anweisungsliste (symbolisches SPS-Programm)

Variablennamen durch die bei der Belegung ermittelten Adressen, wird hierbei zu jeder Anweisung ein Maschinencodebefehlswort ermittelt.

Die Ausgabe des symbolischen SPS-Programms auf Lochstreifen dient einerseits zur Archivierung des Programms, andererseits zur Übertragung auf ein Programmiergerät oder einen Programmierplatz (z.B. ein Mikroprozessor-Entwicklungssystem /37/), an dem für die Assemblierung bereits ein Assemblerprogramm zur Verfügung steht. Das ebenfalls auf Lochstreifen verfügbare Maschinencodeprogramm kann zum Transfer auf ein Kleinrechnersystem eingesetzt werden, welches mit Hilfe einer EPROM-Programmiereinrichtung ein direktes Laden des Programmes auf den Programmspeicher der verwendeten speicherprogrammierten Steuerung gestattet.

7 Zusammenfassung

Um bei wachsendem Umfang und Komplexitätsgrad der Fertigungseinrichtungen und gleichzeitig steigenden Personalkosten den
Entwurf von Funktionssteuerungen weiterhin mit vertretbarem
Aufwand durchführen zu können und zudem der Forderung nach
kürzeren Entwicklungszeiten gerecht zu werden, bietet sich
ein rechnerunterstütztes Entwurfsverfahren an.

Ausgehend von einer Untersuchung der Aufgaben und Eigenschaften von Funktionssteuerungen sowie der gegenwärtigen Vorgehensweise beim Entwurf, wird in dieser Arbeit die Konzeption
eines problemorientierten Entwurfssystems entwickelt. Die
Auswahl einer geeigneten Methode zur Steuerungsbeschreibung,
die Systematisierung des Entwurfsvorgangs und die programm-
mäßige Algorithmierbarkeit der Entwurfsschritte in einem
modular aufgebauten Programmsystem stehen dabei im Vordergrund.

Für den Anwender ist vor allem die Erstellung der Steuerungs-
beschreibung von Interesse. Das erläuterte Verfahren basiert
auf der Gliederung von Fertigungseinrichtung und Funktions-
steuerung in Funktionseinheiten (FE), der Beschreibung der
Zustandsstruktur dieser FE durch Zustandsgraphen und der an-
schließenden Festlegung des Steuerungsverhaltens mit Hilfe
Boolescher Gleichungen und beinhaltet eine systematische
Vorgehensweise. Mit der Ermittlung und Katalogisierung von
Grundstrukturen für die bei Werkzeugmaschinen und anderen
Fertigungseinrichtungen auftretenden FE wird dem Anwender ein
Hilfsmittel bei der Wahl des geeigneten Zustandsgraphen vorgegeben. Dagegen sind für die Beschreibung von Abläufen be-
liebig strukturierte Zustandsgraphen erforderlich. Digitale
Aufgabenstellungen können durch Funktionsbausteine berück-
sichtigt werden. Die ermittelte Steuerungsbeschreibung stellt
die Eingabeinformation für das entwickelte Programmiersystem
dar.

Der nachfolgende rechnerunterstützte Entwurf läßt sich in
die Bearbeitungsabschnitte mathematische Realisierung und
physikalische Realisierung aufteilen.

Bei der mathematischen Realisierung erfolgt die Umsetzung
der durch Zustandsgraphen beschriebenen Funktionseinheiten
in binäre Schaltwerke. Die Wahl einer geeigneten Zustandscodierung ist dabei von zentraler Bedeutung. Die Ermittlung
der Erregungsgleichungen aus dem codierten Zustandsgraphen
schließt sich an. Aus den angegebenen mathematischen Lösungs-
verfahren werden Algorithmen für die programmäßige Verwirklichung abgeleitet.

Nach der weitgehend realisierungsunabhängigen Berechnung des
Schaltwerks wird im Bearbeitungsabschnitt physikalische Realisierung die Anpassung an die gewählte Realisierungsart
vorgenommen. Für die Realisierung der Funktionssteuerung mit
einer speicherprogrammierten Steuerung werden Algorithmen zur
Generierung der SPS-Programme angegeben. Um Hazards und Wettläufe bei speicherprogrammierten Steuerungen zu vermeiden,
sind je nach Steuerungstyp zusätzliche Maßnahmen erforderlich. Die verwendeten Funktionsbausteine werden in Form von
Makrofunktionen bereitgestellt.

Mit der Erstellung von Fertigungs- und Dokumentationsunterlagen steht dem Anwender eine vollständig ausgearbeitete
Lösung der Steuerungsaufgabe zur Verfügung.

101

Schrifttum

/1/ Stute, G.   Der Einfluß neuer Steuerungs-
                            entwicklungen auf die Fertigungs-
                            technik.
                            wt-Z. ind. Fertig.70(1980) Nr.4,
                            S.261 ... 271.

/2/ Noppen, R.   Technische Datenverarbeitung bei
                            der Planung und Fertigung
                            industrieller Erzeugnisse.
                            In: Methoden für die rechner-
                            unterstützte Entwicklung und
                            Konstruktion.
                            Berlin, Heidelberg, New York:
                            Springer-Verlag, 1977.

/3/ DIN 19237   Steuerungstechnik, Begriffe.
    (Vornorm)   Februar 1980.

/4/ Stute, G.,   Steuerungstechnik; Einführung in
    Schimmele, A.   Steuerungstechnik.
                            wt-Z.ind.Fertig. 68 (1978) Nr. 8,
                            S. 519 ... 522.

/5/ Zander, H.-J.   Entwurf von Folgeschaltungen.
                            Berlin: VEB Verlag Technik, 1974.

/6/ Fasol, K.H.   Aufgaben, Methoden und Möglich-
                            keiten der pneumatischen
                            Steuerungs- und Antriebstechnik.
                            2. Aachener Fluidtechnisches
                            Kolloquium, Bd. 2, Aachen, 1976.

/7/ Stute, G.   Bauelemente und Verfahren der
                           Steuerungstechnik.
                           VDI-Bericht Nr. 166, S. 129 ... 138
                           Düsseldorf: VDI-Verlag, 1971.

/8/ Stute, G.,   Steuerungstechnik;
    Wörn, H.   Strukturen von Steuerungen.
                           wt-Z.ind.Fertig. 68 (1978)
                           Nr. 9, S. 591 ... 594.

/9/ König, H.   Entwurf und Strukturanalyse von
                           Steuerungen für Fertigungsein-
                           richtungen.
                           Berlin, Heidelberg, New York:
                           Springer Verlag, 1976.

/10/ Giloi, W.,   Logischer Entwurf digitaler Systeme.
     Liebig, H.   Berlin, Heidelberg, New York:
                           Springer Verlag, 1973.

/11/ Fasol, K.H.,   Synthese industrieller Steuerungen.
     Vingron, P.   München, Wien:
                           R.Oldenbourg Verlag, 1975.

/12/ Caldwell, S.H.   Der logische Entwurf von Schalt-
                           kreisen.
                           München, Wien: R.Oldenbourg Verlag,
                           1964.

/13/ DIN 40 700,   Schaltzeichen; Digitale Informa-
     Teil 14   tionsverarbeitung. Juli 1976.

/14/ VDI 3260   Funktionsdiagramme von Arbeits-
                           maschinen und Fertigungsanlagen.
                           Juli 1977.

/15/ DIN 66 001   Informationsverarbeitung;
                         Sinnbilder für Datenfluß- und
                         Programmablaufpläne. September 1977.

/16/ Backes, H.-W.,   Zur Entwurfssystematik industrieller
     Neulist, K.,   Steuerungen. ETZ-A, Bd.92 (1971)
     Schaffernack, A.   H.7, S.414 ... 417.

/17/ DIN 40 719,   Schaltungsunterlagen; Regeln und
     Teil 6   graphische Symbole für Funktions-
                         pläne. März 1977.

/18/ Binder, D.   Entwurfsgrundlagen für Funktions-
                         steuerungen. Steuerungstechnik 5
                         (1972), Nr. 11/12, S.275 ... 277
                         und 6 (1973), Nr. 1, S. 8 ... 10.

/19/ Oberst, E.,   Beschreibung binärer Steuerungen
     Koegst, M.,   durch Steuergraphen.
     Franke, G.   msr 21 (1978) H.10, S. 572 ... 578.

/20/ Besslich, P.,   Methoden zum rechnergestützten
     Neumann, K.,   Entwurf von Schaltnetzen.
     Schmidhuber, R.   NTZ Bd. 30 (1977) H. 9, S. 707.

/21/ Mehring, P.   Zur Problematik von Entwurfssyste-
                         men aus industrieller Sicht.
                         In: Entwurf digitaler Steuerungen
                         (Herausgeber: K.H.Fasol).
                         Berlin, Heidelberg, New York:
                         Springer Verlag, 1979.

/22/ Goedecke, W.-D.   Rechnergestützte Synthese asynchro-
                         ner sequentieller Schaltkreise in
                         der Fluidik.
                         Dissertation, RWTH Aachen, 1974.

/23/ Zander, H.J.,   RENDIS - ein universelles Programm-
     Oberst, E.,   system zum rechnergestützten Entwurf
     Hummitzsch, P.   digitaler Steuerungen.
                          msr 16 (1973) H. 4, S. 142 ... 144 u.
                          msr 16 (1973) H. 7, S. 281 ... 284.

/24/ Zander, H.J.   Erfahrungen bei der Erprobung eines
                          Programmsystems zum logischen
                          Entwurf digitaler Steuerungen.
                          In: Entwurf digitaler Steuerungen.
                          Berlin, Heidelberg, New York:
                          Springer Verlag, 1979.

/25/ Heck, K.-P.,   Rechnerunterstützter Entwurf von
     Rieger, K.-H.,   Funktionssteuerungen.
     Schimmele, A.   Essen: Girardet Verlag, HGF-Kurz-
                          berichte (Loseblattsammlung), 78/24.

/26/ König, H.   Entwurf und Strukturanalyse von
                          Steuerungen für Fertigungseinrich-
                          tungen. Teile 1 und 2,
                          Essen: Girardet Verlag, HGF-Kurz-
                          berichte (Loseblattsammlung),
                          76/78 und 77/55.

/27/ Schwager, J.   Externe Diagnosesysteme für
                          PC-gesteuerte Maschinen.
                          Essen: Girardet Verlag, HGF-Kurz-
                          berichte (Loseblattsammlung), 80/9.

/28/ Wendt, S.   Petri-Netze und asynchrone Schalt-
                          werke. Elektron. Rechenanl.16 (1974)
                          H. 6, S. 208 ... 216.

/29/ Gottschalk, W.   Petri-Netze in der Eisenbahnsignal-
technik. Signal + Draht 69 (1977)
H. 8, S. 171 ... 179.

/30/ Stute, G.,
     Rieger, K.-H.,
     Schimmele, A.   Rechnerunterstützter Entwurf
elektrischer Steuerungen für
Fertigungseinrichtungen.
Gesellschaft für Kernforschung mbH,
Karlsruhe: CAD-Bericht KfK-CAD 154,
1980.

/31/ Stute, G.,
     Heck, K.,
     König, H.,
     Schimmele, A.   Rechnerunterstützter Entwurf
elektrischer Steuerungen.
Gesellschaft für Kernforschung mbH,
Karlsruhe: CAD-Bericht KfK-CAD 22,
1977.

/32/ Schmid, D.,
     Senger, D.,
     Wojtkowiak, H.   Technische Informatik (Teil 1).
München, Wien: R. Oldenbourg Verlag,
1973.

/33/ Gilbert, E.N.   Gray Codes and Paths on the n-Cube.
The Bell System Technical Journal
37 (1958), S. 815 ... 826.

/34/ Stute, G.,
     Fink, H.,
     Renn, W.   Programmierbare Steuerung in einem
Mehrprozessorsteuersystem.
VDI-Bericht Nr. 327, S. 23 ... 27
Düsseldorf: VDI-Verlag, 1978.

/35/ DIN 19239
     (Entwurf)   Steuerungstechnik; Speicherprogram-
mierte Steuerungen, Programmierung.
Januar 1979.

/36/ Rieger, K.-H.,   Algorithmen zur Generierung von
     Schimmele, A.   Programmen für speicherprogram-
                         mierte Steuerungen.
                         Essen: Girardet-Verlag, HGF-Kurz-
                         berichte (Loseblattsammlung),
                         80/54.

/37/ Geser, F.   Assembler für PC.
                         Essen: Girardet-Verlag, HGF-Kurz-
                         berichte (Loseblattsammlung),
                         80/22.

Berichte aus dem Institut für Steuerungstechnik der Werkzeugmaschinen und Fertigungseinrichtungen der Universität Stuttgart

Herausgegeben von Prof. Dr.-Ing. G. Stute

Erschienen:

ISW 1: D. Schmid, Numerische Bahnsteuerung, 89 S., 1972

ISW 2: H. Schwegler, Fräsbearbeitung gekrümmter Flächen, 111 S., 1972

ISW 3: J. Eisinger, Numerisch gesteuerte Mehrachsenfräsmaschinen, 90 S., 1972

ISW 4: R. Nann, Rechnersteuerung von Fertigungseinrichtungen, 125 S., 1972

ISW 5: G. Augsten, Zweiachsige Nachformeinrichtungen, 140 S., 1972

ISW 6: B. Karl, Die Automatisierung der Fertigungsvorbereitung durch NC-Programmierung, 121 S., 1972

ISW 7: H. Eitel, NC-Programmiersystem, 117 S., 1973

ISW 8: E. Knorr, Numerische Bahnsteuerung zur Erzeugung von Raumkurven auf rotationssymmetrischen Körpern, 131 S., 1973

ISW 9: S. Bumiller, Viskohydraulischer Vorschubantrieb, 123 S., 1974

ISW 10: K. Maier, Grenzregelung an Werkzeugmaschinen, 139 S., 1974

ISW 11: J. Waelkens, NC-Programmierung, 159 S., 1974

ISW 12: E. Bauer, Rechnerdirektsteuerung von Fertigungseinrichtungen, 138 S., 1975

IWS 13: H. König, Entwurf und Strukturtheorie von Steuerungen für Fertigungseinrichtungen, 206 S., 1976

ISW 14: H. Damson, Fünfachsiges NC-Fräsen, 143 S., 1976

ISW 15: H. Jetter, Programmierbare Steuerungen, 141 S., 1976

ISW 16: H. Henning, Fünfachsiges NC-Fräsen gekrümmter Flächen, 179 S., 1976

ISW 17: K. Boelke, Analyse und Beurteilung von Lagesteuerungen für numerisch gesteuerte Werkzeugmaschinen, 106 S., 1977

ISW 18: F.-R. Götz, Regelsystem mit Modellrückkopplung für variable Streckenverstärkung, 116 S., 1977

ISW 19: H. Tränkle, Auswirkungen der Fehler in den Positionen der Maschinenachsen beim fünfachsigen Fräsen, 103 S., 1977

ISW 20: P. Stof, Untersuchungen über die Reduzierung dynamischer Bahnabweichungen bei numerisch gesteuerten Werkzeugmaschinen, 118 S., 1978

ISW 21: R. Wilhelm, Planung und Auslegung des Materialflusses flexibler Fertigungssysteme, 158 S., 1978

ISW 22: N. Kappen, Entwicklung und Einsatz einer direkten digitalen Grenzregelung für eine Fräsmaschine mit CNC, 123 S., 1979

ISW 23: H. G. Klug, Integration automatisierter technischer Betriebsbereiche, 124 S., 1978

ISW 24: D. Binder, Interpolation in numerischen Bahnsteuerungen, 132 S., 1979

ISW 25: O. Klingler, Steuerung spanender Werkzeugmaschinen mit Hilfe von Grenzregeleinrichtungen (ACC), 124 S., 1979

SW 26: L. Schenke, Auslegung einer technologisch-geometrischen Grenzregelung für die Fräsbearbeitung, 113 S., 1979

SW 27: H. Wörn, Numerische Steuersysteme. Aufbau und Schnittstellen eines Mehrprozessorsteuersystems, 141 S., 1979

SW 28: P. B. Osofisan, Verbesserung des Datenflusses beim fünfachsigen NC-Fräsen, 104 S., 1979

SW 29: J. Berner, Verknüpfung fertigungstechnischer NC-Programmiersysteme, 101 S., 1979

SW 30: K.-H. Böbel, Rechnerunterstütze Auslegung von Vorschubantrieben, 113 S., 1979

SW 31: W. Dreher, NC-gerechte Beschreibung von Werkstücken in fertigungstechnisch orientierten Programmsystemen, 105 S., 1980

SW 32: R. Schurr, Rechnerunterstützte Projektierung hydrostatischer Anlagen, 115 S., 1981

SW 33: W. Sielaff, Fünfachsiges NC-Umfangsfräsen verwundener Regelflächen. Beitrag zur Technologie und Teileprogrammierung, 97 S., 1981

SW 34: J. Hesselbach, Digitale Lageregelung an numerisch gesteuerten Fertigungseinrichtungen, 111 S., 1981

SW 35: P. Fischer, Rechnerunterstützte Erstellung von Schaltplänen am Beispiel der automatischen Hydraulikplanzeichnung, 111 S., 1981

SW 36: U. Ackermann, Rechnerunterstützte Auswahl elektrischer Antriebe für spanende Werkzeugmaschinen, 118 S., 1981

SW 37: W. Döttling, Flexible Fertigungssysteme – Steuerung und Überwachung des Fertigungsablaufs, 105 S., 1981

SW 38: J. Firnau, Flexible Fertigungssysteme – Entwicklung und Erprobung eines zentralen Steuersystems, 112 S., 1981

SW 39: A. Herrscher, Flexible Fertigungssysteme – Entwurf und Realisierung prozeßnaher Steuerungsfunktionen, 103 S., 1981

SW 40: U. Spieth, Numerische Steuersysteme – Hardwareaufbau und Ablaufsteuerung eines Mehrprozessorsteuersystems, 115 S., 1982.

SW 41: A. Schimmele, Rechnerunterstützter Entwurf von Funktionssteuerungen für Fertigungseinrichtungen, 106 S., 1982

SW 43: W. Walter, Interaktive NC-Programmierung von Werkstücken mit gekrümmten Flächen, 112 S., 1982.

In Vorbereitung

SW 42: M. Sanzenbacher, NC-gerechte Beschreibung von Werkstücken mit gekrümmten Flächen, 105 S., 1982.

Springer-Verlag
Berlin Heidelberg GmbH